愛と葛藤の日々

イチエフ事故は
一東電社員の人生をどう変えたか

間下 由子

東京図書出版

はじめに

子どもの頃あれほど引っ込み思案だった私が、自分のことを書いた本を出版することになるなど、だれが想像したでしょうか。

私は一九八八年、自ら選択した東京電力に入社しました。この本は、その三四年後に退職するまでの間、仕事上で経験したことを綴ったものです。

入社当時は男女雇用機会均等法施行からまだ間もなく、今では信じられないような男女差が存在していました。途中で辞めようと思ったことも何度もあります。また、入社二三年目に発生した福島第一原子力発電所事故は、他の多くの社員の人生を変えたのと同様、私の人生にも少なからぬ影響を与えました。

他にもいろいろなことが起きましたが、私はどんな状況下でも、目の前のことに自分なりに必死で取り組み、見えないところにも手を抜かず、自分に恥ずかしくない生き方をしてきたつもりです。その結果得られたものはたしかに、プライベートも含めて私の人生全般に役立っていると、今は思えます。

そんな私の経験をまとめて本にしたら、他の人の参考になることもあるのではないか。特に会社という組織の中で生きていく女性の支えになり得るのではないか——。ここ数年、何人かの身近な人からそう言われ、私自身も自分の足跡を文字で残すことの意義を感じ始めていたものの、忙しさにもかまけてなかなか一歩が踏み出せずにいました。

しかし二〇二二年の初め、今年ついに役職定年を迎えるというタイミングで、私が福島で出会った友人が聞き書きという形で協力を申し出てくれたのです。そこから、私にとっては「どうせ死ぬなら」というくらいの覚悟を決めた執筆プロジェクトが始まりました。

その結果が、いまあなたが手に取ってくださっているこの本です。

振り返れば苦労も多い三四年ではありましたが、それを乗り越えた「ご褒美」として、私はかけがえのない仲間たちを与えてもらいました。厳しく指導してくれた上司、苦しいときに支えてくれた同僚や後輩、いろいろなことを教えてくれた取引先、親身になって相談にのってくれた親友、そしていつも見守ってくれた家族。私を支えてくれたすべての人にこの本を捧げます。

そして願わくは、薄れゆくイチエフ事故の記憶を少しでも鮮明に後世に残すために、この本が役立ちますように。

間下由子

二〇二三年六月

この本には、東京電力という企業や文中に登場する個人をいかなる意味でも糾弾したり批判したりする意図はありません。また、公に入手可能なデータ以外は私の記憶の範囲で記述しましたので、詳細について完全な正確性を保証するものではありません。

愛と葛藤の日々

もくじ

はじめに……………………………………………………………1

第一章　超少数派の女性技術職として男性社会に飛び込んだ……………9

リケジョの走りとして「天下の東電」へ技術職入社　11
配電部門で女性初の電柱昇り研修　13
現場担当で一五キロ痩せた新人時代　16
一転して内勤、書類仕事は性に合わず　20
会議事務局、パンフ制作、施設PR……すべて手探り　22
研修センターで昔なりたかった「先生」に　24
一〇年で五回異動の意味を考える　26
再び現場で激務、でも充実の日々だったのが……　28
大きな転機となった女性リーダー研修　31
現場実証スタートまで、乗り越えた幾重もの壁　36
評価を勝ち得て本店凱旋かと思いきや……　41
まさかの関係会社出向でまたゼロからスタート　44
やっぱり「人」相手の仕事が好き　48

第二章　3・11、あの日を境にすべてが変わった……51
大きな揺れに「これはまずい」　53
イチエフ爆発の映像を見て頭が真っ白に　57
まずはイチエフの緊急対応を支える仕事に　60
急ピッチで進んだ全社員の意識改革　63
いよいよ福島へ赴任の辞令が　66
「私たちは加害者になってしまったのだ」　68
生活全般、ひたすら目立たないよう努力するも……　71
非常事態で表面化した「常識の違い」　73
こんどは営業店で社員の福島派遣を担当　76
「福島勤務の経験」は評価されないのか　79
廣瀬社長の対話会事務局で感じたこと　82
そして全社のダイバーシティ推進担当に　85
腰を据えて取り組めるかと思いきや……　90
第三章　二度目の福島赴任で私が得たもの……93

全町避難中の浪江町の担当グループに着任　95
これでは住民が怒るのも無理はない　97
町内の祭りで東電ブース出展の快挙　101
忘れられない現場作業の思い出　105
除草・除草・除草　108
なぜそんなことまで言われなきゃいけないの　111
私が毎日銭湯に通っていたわけ　113
辛さと楽しさが同居していた福島生活　116
気持ちを整理して帰京の途へ　118
ここがおそらく東電最後の私の職場　120
これまでのすべてを生かし、新天地へ　123
〈インタビュー〉これまでとこれからと……127
聞き書きを終えて……169

第一章　超少数派の女性技術職として男性社会に飛び込んだ

一九八五年の男女雇用機会均等法成立から三年後、東京電力入社。
以来、東日本大震災まで目まぐるしい異動の中で鍛えられた二三年間。

リケジョの走りとして「天下の東電」へ技術職入社

中学・高校時代、成績はともかく私は数学が好きで、大学進学では自然と理数系を目指しました。最初、父には「女が理系に行くなんて」と反対されたのを覚えています。親としてはたぶん、いわゆる「普通のお嬢さん」に育ってほしかったのでしょう。でも、私は文系にはどうしても興味が持てず、青山学院大学の理工学部電気電子工学科に入学しました。

当時は「リケジョ」などという言葉もない時代で、女性は極端に少なかったです。一九八四年の同学科の新入生約一二〇人中、女子はたったの四人。翌年からは一人減って三人になってしまいました。

そもそも数ある理数系の中から電気電子工学を選んだのは、生活に欠かせない身近な家電製品を動かしている、電子回路というものを学びたかったから。というのは嘘ではないけれど、半分は消去法で選択した結果でもありました。化学や物理学には興味がないし、機械いじりはしたくないから機械工学じゃない、という感じで。

そんなことでしたから、最初の一年勉強してみて、やっぱり違ったかな、文系に入り直そうかなと思ったこともあったのです。でも、父の意見を無視して進んだ道なのに途中で辞めたら怒られると思い、四年間がんばりました。

卒業後の進路についてもあまり深くは考えていませんでした。当時の日本はバブル経済の真っ只中で、就職は売り手市場でしたが、私としてはなんとなく研究職かな、くらい。たまたま、所属していたテニスサークルの先輩に誘われて一般財団法人電力中央研究所で事務のバイトをしていたので、そのままそこに研究者として就職する道も考えました。でも、当時は大卒女性の研究職は採用枠なし、ということで諦めざるを得ませんでした。

そこで、大学四年のとき私が所属していた研究室の先生がたまたま就職担当をしていたことから、図々しくその先生に相談してみたところ、東京電力から三名の募集が来てるよ、と紹介されました。当時、都内の大学の理系研究室には東京電力から技術職の推薦採用枠が来ていたようです。受けてみないかと言われたときの率直な感想は、「天下の東電に入れるチャンスだ」。そのくらい、当時の東京電力の社会的な存在感は大きかったと思います。

といっても、私の大学の成績は一二〇人中三〇番目くらいと決して良い方ではなかったので、大丈夫かなと少々不安はありましたが、ともかく初回の面接に臨みました。

テニスでかなり日焼けしていた私を見て面接官は一言「黒いねぇ」。それで私は、まずい、落ちたか、と思いましたが、幸いその後の選考に進むことができ、晴れて採用が決まりました。推薦枠三人の内訳は男二人、女一人。その年は、折しも一九八五年に男女雇用機会均等法が成立した二年後でしたから、東電としてもおそらく女性の採用を積極的にやりたかったのでしょう。

こうして私は、当時の東京電力としては数少ない大卒女子の技術職採用となったのです。

配電部門で女性初の電柱昇り研修

一九八八年四月。東京電力の新入社員は、大卒だけで三七二人いました。そのうち女性は一割未満の三二人で、技術系は一一人しかいませんでした。その頃女性は事務職が大半だったのです。

当時、東電の中には一〇あまりの部門があり、配属に関しては第四希望まで出せることになっていました。ただし私は技術系なので、最初から営業や総務といった事務系の部門は希望できません。

電気をつくってお客さまに届けるまでのプロセスは、「上流」から順に発電（火力、水力、原子力）、系統運用、工務（送電・変電）、配電といった部門に分かれています。私が第一希望を出したのは配電で、そのとおりに配属されました。

通常、建物で使う電気は道端の電柱から架空線で、あるいは地中線で引き込んでいますが、その電柱や電線にまつわる仕事が配電です。なぜそれを希望したかというと、各部門の説明会のとき、配電部門の副長さんの話がすごくうまかったから(笑)。というのは半分冗談で、やはり電気を使うお客さまにいちばん近いところの仕事が面白いと感じたからです(ちなみに、その副長は部門内でも厳しくて有名な人だったらしいと後から知りました)。発電など「上流」の仕事は、大きな建物の中で大きな機械を扱う仕事、というイメージがなんとなくあって、あまりやりたいとは思えませんでした。

それで、たしか第二希望は変電、第三希望は送電と「下流」から順に書いたように記憶していますが、もしも送電に配属になっていたら、その後の職歴はだいぶ違っていたかもしれません。送電は送電鉄塔に関する仕事なので、あの高い鉄塔に登ったり、電線から宙づりになったりする研修を受けたはず。たぶん途中でギブアップしたかも、と思います(配電の研修でも一度鉄塔には登らされましたが)。

第一希望どおり配電に決まった背景にはおそらく、部門初の女性技術職を配置したいという会社の考えもあったでしょう。技術系の女性は最初から少ないので、希望が通る確率はもともと高かったと言えます。ともかくも私は、配電部門の大卒女性技術職第一号となったのです。

最初の集合研修は三週間でした。そのうち二週間は、当時調布にあった研修場での作業実習です。高さ約九メートルの練習用の電柱に昇り、電線を張る、電線を切る、カバーをつける、そのための工具を上げ下げする、等々。電柱の設置やメンテナンスの技術を習得するわけですが、最初、電柱に昇れと言われたときは「え、そんな説明あったかしら」とショックを受け、正直ちょっと尻込みしました。

一方の担当教官としても、女性を昇らせるのは初めてですからかなり心配だったのでしょう。研修初日、午前中に昇り方の説明を受け、全員午後から電柱昇りに初挑戦というとき、教官から「お昼休みのうちにお前だけ一度昇ってみろ、もしもこれは無理だとなったら研修指導はできないから」と言われました。

そこで、はしごをかけ、胴綱を回し、教わったとおりの方法で昇ってみると、なんとかてっぺんまで昇って降りてくることができました。もちろん緊張して必死でしたし、テニスで鍛えたはずの腕もパンパンだったのですが、私は平然を装って「大丈夫そうです」と強気の発言をしてしまいました。やっぱりダメかと言われたら悔しいし、意地もあったと思います。

教官の目にもひとまず大丈夫そうに見えたらしく、それならビシビシやるぞと。そこから先は男子とまったく同じ練習をすることになりました。一日二〜三回、二週間で少なくとも二〇回近く昇ったんじゃないでしょうか。

その後、次の一週間は日野市にある別の研修場所で屋内配線の作業を勉強して、私の集合研修は終わりました。

現場担当で一五キロ痩せた新人時代

最初の配属は横浜市関内にある神奈川支店でした。神奈川県内一〇カ所以上の営業所を所管する大きな支店です。配電部門の新人同期は私のほかに男性七人。彼らの席は現場担当のグループでしたが、私だけはなぜか配電管理グループという離れた場所でした。私たち八人はそこで日々の仕事を手伝いながら一〇月まで新人研修が続き、一一月に神奈川県内の別々の営業所に配属。私は厚木営業所でした。

その年の厚木営業所の新人は、配電部門の私のほか、他の部門に高卒、短大卒、大卒が一人ずつくらいだったと記憶しています。請負さんを入れて二〇〇名くらいが働く中規模の営業所でした。請負さんというのは関係会社の社員のことで、特に配電部門に多くいました。配電には架空と地中と二種類ありますが、特に地中の配電には高度な技術と経験が必要で、関連会社に委託することが多いため、そうした会社の社員さんが常駐しているのです。

厚木営業所で私は、架空線（電柱の間や電柱から建物へ引き込む電線）の設計チームに入りました。電柱を立てたり、電線を張ったりする工事の設計書をつくる仕事です。

研修ではあれだけ電柱昇りの練習をしましたが、実際にそれを活かす機会はありませんでした。私が配属される前に電柱で作業していた社員の感電事故があり、生きている電柱（通電している電柱を「生きている」という）に大卒社員を昇らせる仕事の見直しが始まっていたから、というのがその主な理由だったと聞いています。

とはいえ設計の仕事は内勤ではありません。現場を見ないと始まらないので、最初のうちは先輩について方々を回り、それでひと通り図面の引き方を教わると、まもなく一人で現場に出るようになりました。

担当エリアが決まっていて、一日に一〇件くらいの現場を車で見て回るのですが、どれだけ効率的に回れる順路を考えても時間が足りないのです。お昼を食べる時間がもったいなくて、外に出た日はたいてい昼食抜き（あるいは車中や現場で簡単に済ます程度）でした。

特に、数週間に一度回ってくるお茶くみ当番の週は大変でした。午後三時までにダッシュで事務所に戻る必要があったからです。今から思えばまったく前時代的ですが、当時は配電部門の女性陣が二人ずつ組になり、一週間交替で、朝八時半と午後三時に部門の約四〇名の全員にお茶を出す、という業務があったのです。当然、飲み終わった四〇人分の湯呑みの回収と洗浄も当番仕事のうちでした。

もちろん女性たちの間では当時から、「なんなのよ、これ」という声はありましたが、「でもしょうがないわね」という感じでした。おそらく他の営業所も同じような慣習があったと思います。

私以外の女性はみな内勤の事務職で、現場業務は私だけです。皆さんとてもいい人たちで、焦って事故でも起こしたら困るから無理して帰ってこなくていいよ、と言ってくれましたが、私は意地でも三時のお茶出しに間に合うように帰社していました。いま思えば素直に甘えてしまえばよかったのでしょうけれど、当時は「初の女性技術職だからって特別扱いされてる」とか、「他の女性社員との仲が悪いのではないか」などと変な陰口をたたかれるのが嫌だったのです。先回りしてちゃんとやることをやって、一切文句を言われないようにしようと。

それでも、出されたお茶を飲む男性陣は容赦ありませんでした。最初の頃、ダッシュで戻って着替えずにお茶を出していたら、「現場で着ていた汚い作業着のままお茶を出すのか」と嫌がられたのです。ちゃんと事務服に着替え、きれいな恰好で「はい、お茶どうぞ」とやるのが正しいというわけ。

ただ、振り返ってみると、男性たちの方もいささか困惑していたのだと思います。初めて見る作業服姿の女性を、どう扱えばいいのか分からなかったのかもしれません。また、技術畑に多かった「べらんめえ」調の人も、女に馬鹿野郎と怒鳴って大丈夫か、など戸惑いがあったはずです。

対する私はといえば、何を言われても「あ、そうですか」と受け流すようにしていたので、「こいつ、へこたれないな」と思われたのではないでしょうか。

そんなわけで、初の仕事場、厚木営業所時代は昼食抜き、夜一一時くらいまで残業する毎日が続き、一年半の間に体重は最大で一五キロ落ちました。

それでも残業の後、できる限りスポーツジムに寄っていたのは、今でいうセクハラやパワハラまがいのことも毎日のようにあって、むしゃくしゃした気分を発散したかったからです。よく身体がもったと思いますが、ひとえにまだ若かったからでしょう。でも、いつの間にか生理は止まっていました。

とはいえ、設計の仕事自体は好きでした。配電部門を希望したのは、電気を使うお客さまにいちばん近い仕事だから。現場に出れば実際にお客さまとも会えたし、ときどきは工事を請け負う業者さんと話すこともできて楽しかったのです。

ある新興住宅地全体の設計書を担当したこともありました。この一帯に、どう電柱を立ててどう電気を通すか、考えて図面を引くのです。私の図面通りに電柱が立ち、そして家が建って人が入居して電気が送られ、暮らしが始まる。そうやって町ができていく。そのプロセスを見ていて本当にうれしかったです。夜、両親を車に乗せて自慢げに現場を回ったりしたこともありました。

そんな日々を過ごした営業所勤務は一年半ほどで終了しました。

一転して内勤、書類仕事は性に合わず

一九九〇年四月、私は技術研究所の流通研究室に異動となりました。自宅からは徒歩三〇分くらいのつつじヶ丘駅近くにあり、通勤は楽でしたが、ここで過ごした三年四カ月は、いま振り返っても長く感じます。外回りの現場仕事から一転、ほぼ内勤の書類仕事で、正直、私には合いませんでした。

当時、技術研究所の中には電力、系統、地球環境、エネルギー、流通、構造といったいくつかの研究室があり、配電設備の研究をしているのが流通研究室でした。

といっても自社単独の研究プロジェクトは少なく、多くは日立製作所や高岳製作所（現・東光高岳）、富士電機など大手メーカーとの共同研究、もしくは委託研究でした。たとえば、地中ケーブルの事故点を探査する測定器の開発とか、電柱に設置してある変圧器の効率を高める研究など。三〇年ほども前の話なので、電力メーターをプリペイドカード式にするといった研究もありました。

私の仕事は、そうした委託先との契約事務、ロードマップ作成、工程管理、委託先から提出される四半期ごとの報告内容のチェックとフィードバック、都度の打ち合わせなど。研究がう

まく進まないと担当者である私の腕が悪い、委託先のメーカーの舵取りがちゃんとできていない、ということになるわけです。

物足りなさを感じた内勤仕事でしたが、いちど一般社団法人電気学会の発表会で研究内容の論文を書いて発表をする機会があり、これは後にも残る実績になりました。それでも、社内の根回しや承認関係の事務作業は大変で、打ち合わせの議事録を一五回も書き直しさせられるなど、上司とのコミュニケーションにも苦労した日々でした。

営業所時代に激ヤセした体調の回復にも、紆余曲折がありました。私の身体を心配してくれた友人に勧められてホルモン治療を始めたところ、今度は別の問題が発生。食べても食べても満腹感がなく、食欲をコントロールできなくなって、食生活がめちゃくちゃに。感情的にもイライラが止まらなくなってしまったのです。数カ月して体重はある程度戻り、生理も再開したので、その時点で薬を健康保険のきく漢方に変え、その後二年くらいかけてやっと普通の食生活に戻ることができたのでした。

会議事務局、パンフ制作、施設PR……すべて手探り

次の異動は開発計画部で、勤務地は新橋本店の近くのビルでした。ここは、直前に所属していた技術研究所を含む四つの研究所を統括している部署で、私はその研究管理グループの副主任になりました。当時の職級はヒラの担当者から始まって副主任、主任、副長、課長、部長と上がっていくので、副主任は最初の肩書きです。

ここの勤務は一年二カ月と短かったのですが、それまでとは全く違うタイプの仕事で、なんとも不思議な感じでした。具体的には、半年に一度くらい、一〇以上ある部門がそれぞれ集まって実施する技術開発報告会の事務局です。スケジューリング、企画調整、出欠簿からOHPスクリーンやメモ用紙に至る事前準備もすべて一人で担当しました。

年に一度、外部から講師を呼んで開催する特別講演会も、私が一人事務局でした。社外へ招待状を送るのに、委託費を削れと言われ、自宅に持ち帰って五〇〇件くらい宛名書きしたこともあります。そのほか、四つの研究所のパンフレットの見直しもやりました。インタビュー記事や対談記事のためのライター、カメラマンの手配、校正など、どれも初めてなので手探りでした。

上司の副長と課長は、これらぜんぶ私一人で抱えて四苦八苦しているのを横目で見ながら、大丈夫か？　と心配するだけ。具体的には何も手伝ってくれず、上司というのはこういうものかと、なかばあきれながら学んだ一年でした。

一九九四年九月、開発計画部が統括していた四研究所が統合されて「技術開発センター」ができると、今度はそこへ異動となりました。横浜市鶴見区の変電所跡地に作られた新しい施設です。

センターの建物は、燃料電池や外壁の太陽光パネル、雨水利用など、当時としては画期的な省エネビルでした。それを積極的にＰＲするため、私は見学や視察の受け入れを担当。また、前の開発計画部でパンフレット制作の経験があったからか、その新センターのパンフレットづくりも任されました。オープンしたてでまだ何も決まっていない中、ゼロからのスタートです。

見学受け入れについては、私はせっかく見てもらうのだから省エネ設備だけでなく、主な研究設備も案内するコースを企画しました。ところが、研究室にいる研究職は一般の社員と違い、お客さまの応対をするという意識がありません。見学なんて受け入れたくないという抵抗もありましたが、そこは頭を下げて協力をお願いしました。

出来上がった見学プログラムは大した宣伝もしないまま口コミで広がり、来訪者数は順調に増加。評判は上々だったのではないでしょうか。一年半もたつと案内係が私と課長だけでは回らなくなり、案内を外部委託する話も出ていたようです。

しかし私はその頃、またもや次なる職場への異動辞令を受け取りました。

研修センターで昔なりたかった「先生」に

次の職場は、日野市にある総合研修センターでした。こんどは先生として若手社員に教える立場になったのです。それまでとは全く違う仕事で戸惑いましたが、実は子どもの頃、なりたい職業のひとつが「学校の先生」だったのです（ほかに漫画家になるという夢もありました）。やりたかったことができるチャンスだと思い、うれしくて奮起しました。

私は技術系の研修のうち、配電部門二年目の高卒社員を対象とした半年間の専門科コースを担当することになりました。授業は朝から夕方まで。中間試験や期末試験もあり、本当に学校のようなところです。私の担当教科は電気法規（電気事業法、電気用品取締法、電気設備技術基準など）と数学。他に実験の授業もありました。一年のうち半年間はクラス担任もあり、カリキュラム作成、レポート添削などに追われました。

約四〇人のクラスが三つあり、一クラスは半年で修了するので、年間だと二四〇人くらいに教えた計算になります。そのうち三分の二分以上が東電学園高等部の卒業生で、他は専門学校や工業高校卒、短大卒の社員もいました。東電学園は会社が運営していた職業訓練校です（二〇〇六年度末に閉校）。高校生のうちから電気の技術を学んだ卒業生の質は高く、いま振り返れば会社はそれだけ人材に投資していたのだと感じます。

ただ、みんな頭は良いのですが、なにしろ二〇歳前後という遊び盛り。研修で久しぶりに同期が集まると大変です。毎日飲み歩いてハチャメチャ騒ぎがあったりすると、こちらは頭を抱えたものです。

これら若い研修生は圧倒的に男性が多かったですが、各クラスに数人ずつは女性がいました。私は研修の先生として初めて、かつ唯一の女性だったので、彼女らの悩み相談の相手にもなりました。

私は教えるスキルが最初からあったわけではないし、教えるトレーニングを受けたわけでもありません。せいぜい引き継ぎで前任者の授業を見学しただけです。それでも、授業中なるべく眠くならないよう、こちらが一方的に話さず指名して発言させるなど工夫は凝らしました。それが奏功したのか、なかには先生の授業は面白い、と言ってくれた人もいて、やりがいを感じた三年間でした。

一〇年で五回異動の意味を考える

こうしてみると、東京電力に就職して最初の一〇年は、かなり短期間でいろいろな部署に異動していたわけです。大卒社員はスピード育成するため、短期間でいろいろ経験させる方針だとは聞いていました。

当時、大卒と高卒の育成コースはきっぱり分かれていて、電気をつくったり送ったりする「現場」を守る泥臭い仕事は高卒の人がほとんど。大卒は多少現場で経験を積んだら、後は管理に回って幹部コースを進むことになっていたのです。

でも、私自身は将来のキャリアについて、上司や人事と突っ込んだ話し合いをした記憶はありません。会社としても数少ない女性技術職の扱いに試行錯誤した面はあったと思います。

もっとも私自身は、頻繁な異動をさほど苦とは感じていませんでした。どの職場でも大変なことはありましたが、自分の担当業務ではそれなりの成果を出すことができたという満足感があったのです。

ただ、会社がそれを認めてくれたかどうかは別問題。人事考課で一次評定・二次評定があるのですが、当時は点数は本人に非公開で、面談もありませんでした。聞けば教えてくれたのかもしれませんが、だれも聞かなかったし、聞いてはいけない風潮だったのです。

どんな評価をつけられたのか探りたくて、なかには上司を「飲みニケーション」に誘う人もいましたが、私はそんなことをする気にはならなかったし、仕事は手を抜かずにやってきた自信があったので、上司に媚を売ってまで評価を高めたいとも思いませんでした。

周囲には、もちろん仕事のできる人はたくさんいました。でも、私にはメンターと呼べるような上司や、ロールモデルになるような先輩はいなかったのが事実です。私のモチベーションの源泉は、同期だけでなく老若男女、気の合う仕事仲間たちでした。集まって愚痴を言い合うなかで、みんなも頑張ってるな、私もまだまだやらなきゃ、と思ったものです。

そんな私は入社したときから、管理職になり、部下を持ってチームで成果を出せるリーダーになりたいと考えていました。入社直後の集合研修で、高卒の新入社員と一緒に電柱に昇りながら、将来はこの人たちを取りまとめる管理職になるんだろうなと、ぼんやり想像していたのです。

管理職を目指した理由は、配電部門の女性技術職第一号として周囲の期待に応えたいという気持ちがあったからかもしれません。上司から折に触れて「厳しく育てるぞ」と言われていたし、大変な仕事を任されたときも、そのぶん期待されているのだと考えるようになっていました。

今の私しか知らない人は想像できないかもしれませんが、私は子どもの頃、とてもおとなしい性格でした。小学校の通信簿に六年間ずっと「もっと手を挙げましょう」と書かれたくらいです。でも実はひそかに負けず嫌い。学級委員長タイプではなく書記タイプというのでしょうか。周囲から常に、この人に任せれば大丈夫、という印象を持たれていたと思いますし、自分もそのように行動してきました。

会社に入ってからもそれは同じ。どんな理不尽な業務が回ってきても、間下さんにはできないだろうと思われるのが嫌だったし、できない自分も許せなかったので、きっとできるはずと自分を鼓舞してきたのです。

再び現場で激務、でも充実の日々だったのが……

入社一一年目の一九九九年二月、荒川区にある東京東支店に異動となりました。再び現場に近い仕事に戻ったことになります。ここで私は、流通設備部配電技術グループの副長に昇進。部下には一つ年上の男性の主任がつきました。この昇進は同期と比べても早い方だったので、もちろん悪い気はしませんでした。早い段階で昇進させることも会社の育成方針だったのかもしれません。

同じグループにはもう一人副長がいて、その人は新人研修で電柱昇りを教えてくれたI先生でした。「ここにお前が来るようじゃこの世も終わりだ」などと嫌味な冗談も言われましたが、同時に「お前は期待されている。（この先のために）現場をよく見て勉強しろ」とも助言されました。

配電技術グループは、配電の現場を改善・効率化する仕組みや自動化のシステムなどを導入する部門です。私はここで、給送電を統合するシステムの開発、支社の当直の待機人員を削減するための体制構築、現場の業務開発・改善の管理など四つほどのプロジェクトを担当。その中には以前からの懸案事項だったにもかかわらず滞っていたものもありました。

着任直後、これらの案件をぜひ進めてくれと言われ、私も気張って取り組み始めましたが、すべてを並行して、しかも案の定ほぼ一人事務局ですから大変です。部下は資料づくりなどは手伝ってくれますが、すべての会議に出席するのは私。しかも根回しの文化ですからマネージャーや部長などへの事前説明も怠れません。そのたびに説明がわかりにくい、などと突き返されました。私に対して「お手並み拝見」という部分もあったのでしょう。もちろんくやしいですから自分なりに必死にがんばり、一年間で四件とも方向性を固めて予算を獲得。私としては無事スタートすることができたと思っています。

ちなみに、担当案件のひとつ、地中線の事故点探査自動化プロジェクトでは、東京臨海副都心の埋め立て地が実証フィールドでした。当時まだ何もなかったお台場や青海の風景が思い出されます。これは、架空線と比べて地中線は事故点の探査が難しいという課題を克服するため、遠隔地から自動的に信号を送出しておおよその事故点を発見するシステムをつくるというパイロットプロジェクトで、その後の展開の基礎を築くことになったものです。

この頃はとにかく激務で、毎日のように夜遅くまで仕事。ときどきはタクシーで帰宅していました。過労のせいか頭痛で倒れ、救急外来へ運んでもらったこともあります。それでも「私にはできません」とは絶対に言いたくなくて、自分を追い込んでいました。結果として身体は壊しましたが、そういう意味では充実した日々だったと言えます。

そんな二年五カ月を過ごした後、二〇〇二年七月、私は再び総合研修センターに戻されました。今度は先生ではなく研修運営側の仕事です。正直この辞令にはがっかりでした。東京東支店であれだけがんばったのに、結局私は現場で必要とされる人材じゃなかったのかと感じ、落ち込みました。

実際、仕事は旅費の処理、名簿作成、研修生の受け入れ事務、実験装置の管理など、マニュアル通りの業務ばかり。なぜ副長になってこういう仕事をやらなきゃならないのか、なんのために自分はここにいるのか理解できず、悶々としながら日々が過ぎていきました。

大きな転機となった女性リーダー研修

転機が訪れたのは三年目に入った頃だったでしょうか。東京電力で初めて、半年間の「女性リーダー研修」が実施されることになり、第一期生として参加することになったのです。国からでもお達しがあって女性の管理職を増やす施策が始まったのかと思いました。第一期生は営業系、事務系、技術系から集められた三二人。ほとんどが三〇～四〇代前半で、同じ配電部門の後輩もいました。

後で研修事務局に聞いたら、初回の人選は「試練に耐えられるかどうか」。失敗をバネにできる人、男社会の中で戦って生き残れる人を選んだ、ということのようです。それが本当だったのかどうかわかりませんが、確かに三二人はみな個性的ではありました。もっともなかには「私は昇進などせず、今のままでいい。そっとしておいてほしい」「なぜ女性だけがこんな研修をやらないと管理職になれないのか」と憤る人もいましたが、私自身はここで改めて「絶対管理職になってやるぞ」と心に決めたのです。

期間中は、業務の合間を縫って本当に様々な研修をやりました。同じものを各チームが違う方法でつくってその過程を互いに発表するといったアクションラーニング。グループで一つのニュース番組をつくるという課題。合宿研修にも行きました。どのカリキュラムにも共通していたのは、チームワークの中で自分の能力を最大限に発揮するための学びです。

こうした研修を通して参加者全員が感じていたのは、会社は私たちにこれだけ投資してくれている、私たちは期待されているのだ、ということ。だから、みんな多少文句は言いながらも真面目に取り組み、最後は生き生きとした状態で職場に戻っていきました。

私自身、いま振り返っても、この研修の機会をもらえたことには感謝しています。このときお世話になった研修事務局の方々や研修仲間との絆が、現在に至るまで私の原動力になっているといっても過言ではありません。

さて、一連の研修と並行して私たちには、改善すべき会社の課題を発見して解決策を考えるというタスクが与えられていました。研修の最後に自ら選んだテーマを経営陣の前で発表し、高評価を得れば実行に移すことができるというものです。

私が選んだテーマはメンタルヘルス対策でした。実は、会社にはメンタルの不調で長期休職する社員が少なからずいたのです。仕事のことか家庭のことか、なんらかの悩みを抱えて会社を休みがちになり、揚げ句に診断書をもらって一カ月、二カ月、ついには一年以上も休んでしまう。私もそれまでいろいろ大変な経験はしましたが、診断書をとってまで休みたいと考えたことはなかったので、どうしてこんなに休職者が多いのだろうと不思議に思っていたのです。

たまたま私と同じ部署にはいませんでしたが、他を見回すと、そういう人があそこにもここにも。やがて、よく知る社員の一人も実は休みがちだったと知ります。身近にも悩んでいる人がたくさんいるのだと気づき、これはなんとかすべきではないかと思って研修課題のテーマに選びました。

休職が多い理由としてまず考えたのは、悩みを抱えた社員が相談にいくはずの健康管理室が機能していないのではないか、ということ。健康管理室は学校でいう保健室のようなものです。産業医の先生や看護師さんが常駐していますが、必ずしもメンタルヘルスに関してはフォローが足りていないのではないか。また、会社としても社員のメンタルヘルスへの認識が不足しているのではないか。こうした仮説に基づき、健康管理室スタッフ向けメンタルヘルス研修を実施する案、またスタッフが職場を巡回してメンタルケアのための対話会を開催する案などを発表しました。

結果、私の評価はA～C三段階の真ん中のBでした。実現には多少の困難が伴いそうだが、会社にとっては重要テーマなのでやってみてもいいのでは、という微妙な判定です。

他の研修参加者もそれぞれ発表して評価を受け、それに対する反応は様々でしたが、私は自分で考えた案なのだから責任をとって実現しなければと考え、そのための第一歩として、本店の労務人事部の健康安全グループに九カ月駐在してリサーチさせてもらうことになりました。

そこで初めて知ったことは、トップの経営会議で社員の健康管理が議題になることなどない、という現実でした。労務人事部長でさえ、メンタル不調で長期休職の社員が多いと報告すると「へえそうなの」くらいの反応だったのです。それほど当時は、社員の健康と生産性とを結び付ける発想が欠けていたということです。

そこでまず、研修で発表した企画案の説明資料をもって、意見を聞いて回りました。支社や発電所といった現場にもそれぞれ健康管理室があるので、そこへも意見をもらいに行きました。さらにキヤノンや日本電気など他企業のヒアリングに行ったり、また、研修仲間から紹介してもらった産業保健コンサルティング会社（後述する株式会社ロブ）にも足しげく通ったりして情報収集に努めました。

そうしているうちに、当初の企画内容を修正する必要が出てきました。コスト面の壁が見えたからという理由もありますが、それよりも私自身が、大切なのは対症療法より予防だということに気づいたからです。社員がメンタルを病んでしまってからでは遅い。その前に手を打たなければ――。そう気づいたら、やるべきこと・やりたいことが変化していったのです。

その新しい案を試してみるには、やはり現場、すなわち一定規模のある営業店へ出なければと思いました。そこで私は、古巣でもある神奈川支店へ再び異動することになったのです。

この異動については正直、少し複雑な心境でした。これで私のゼッケンは配電部門から労務人事部門へと正式に変わることになるからです。どうせなら配電部門の技術職のまま出世したいという思いも当然ありました。

でもせっかくリーダー研修に参加させてもらい、解決すべき会社の課題を自ら選び、対策を考えたのです。それをただ発表しただけで終わらせるのはなんとも悔しい、ぜひとも実現させてみよう、と心を決めました。当時の労務人事の担当部長からは当初、異動ではなく駐在と告げられたのですが、私はそれでは中途半端だからダメだと強く反論。結果、異動が実現したのでした。実はその担当部長Eさんにはこの後も出向先でお世話になるのですが、このときのやり取りは記憶に残っていたようで、二〇年近く後、私が退職の挨拶に行ったときにもこの話をされました。どうも私の反論は強すぎたようです(笑)。

そういうわけで、この女性リーダー研修への参加は、私にとって大きな転機だったと言えるでしょう。特にコミュニケーション力は大いに鍛えられたと感じています。ちなみに、このときの第一期生三二名は、私を含めてほとんど全員が途中退職せず、それなりの職位についています。研修日の夜の飲み会の幹事がなぜかいつも私だったことも、今ではいい思い出です。

現場実証スタートまで、乗り越えた幾重もの壁

二〇〇五年の冬、一七年ぶりの神奈川支店に、私は総務部労務人事グループの副長として赴任しました。通常業務のラインを持った副長ではなくプロジェクト専任でしたので、部下はいません。着任後さっそく、「予防」にフォーカスしたメンタルヘルス対策の実証プロジェクトをスタートしました。といってもいきなり支店の全社員が対象ではなく、まず試みたのは若手をターゲットにしたメンタリングプログラムの導入です。

具体的には、入社一〜二年目の若手に入社一〇年目くらいの先輩をメンターとして付けて二人一組にし、ひと月に最低一回は対話をしてもらうのです。そうやってコミュニケーションを増進することで早期にメンタル不調の芽を摘もう、というアイデアでした。

しかし、このメンタリングプログラムを試験導入するためには、まずは直属上司である総務部長を説得する必要があり、これが最初の難関でした。何度説明に行っても、「これまでそんな制度などなくても大丈夫だった」といって突き返されたのです。初めての試みですし、予想される成果を数字で示しにくいのは確かでした。そこで海外の事例も含め他社の成功例をかき集め、なんとか必要性を理解してもらおうと、資料をつくり直しては出直し。やっとゴーサイ

ンが出たのは五回目くらいだったかと思います。

後日その総務部長から言われたのは、「あのときは閣下の熱意が知りたかった」。どこかのスポーツチームの鬼監督も顔負けの、涙が出るような「指導」でしたが、要するに私の本気度を測りたかったということのようです。当時は、自分が企画したプロジェクトを引っ提げて、現場で実証したいなどといって赴任してくる例などほぼ皆無でしたから、私は単に「わがままを言っている」と思われていたのかもしれません。そんなにやりたいなら俺を突破してみろ、ということだったのでしょう。ついに「わかった、がんばってみなさい」と言ってもらえたときは、大きな壁を乗り越えた達成感がありました。

でも、この後、私は「部長の壁」など大した障害ではなかったと振り返ることになります。

次の壁は副支店長・支店長でしたが、部長と同じでメンタリングについて説明してもまるで通じません。「本当に効果があるのか。費用対効果を証明せよ」としつこく言われました。

でも人材の育成や開発は、生産ラインの効率化などとは訳が違います。厳格な意味で費用対効果など算出できるわけがないと思っていたし、当時、個人的にアドバイスをもらっていた前出の産業保健コンサルティング会社の人からもそう聞いていました。おそらく支店長もそれは承知の上で、わざと無理難題を出していたのかもしれません。

それで私は「それは無理です」ときっぱり言いました。そのかわり「絶対に失敗させません。

必ず効果を出します」と啖呵を切ったところ、たしか二度目の支店長説明で「じゃあやってみるか」となりました。

ただし、いきなり神奈川支店管轄下の全支社（以前の「営業所」が再編されて「支社」になっていた）で導入するのは無理だから、まず社員数が多いところを二つ選び、試験導入させてもらえるよう自分で交渉しろ、ということでした。それで私は横浜支社と藤沢支社を選び、それぞれの総務グループのマネージャーに委細をメールしました。当時は、支社に何か依頼をするときは、まず筆頭の総務に諮るのが慣例だったのです。

予想通り、「なんだ、それ？」「そんな制度、社員を甘やかすだけじゃないか」といった反応でしたが、とりあえず支社長説明の機会はつくってくれました。そして、支社長に二回目の説明に行った後、これだけ言うんだからなんだかよくわからないがやってみるか、と渋々ながら笑顔で了承してもらえました。

しかし、ハードルはこれで最後ではありません。次は労働組合です。私が提案するメンタリングプログラムは非管理職社員、すなわち組合員を直接対象とする制度であり、そういうものは導入前に必ず組合の了承を得ることになっていたのです。

一回目の説明では案の定「本当に役に立つのか」と疑念を呈され、とりあえず持ち帰って検討する、と言われました。でもその後、いつまで経っても返事が来ないのです。そのとき私は副長で、まだ自分も組合員でしたから、組合員が組合に相談しているというのになぜこれほどないがしろにされるのか、承服できませんでした。それで直属の上司に、「こんなに待たされるなら会社を辞めます」と告げると、あわてて組合に催促してくれて再説明の機会が設定されました。その上司には迷惑をかけることになってしまいましたが、私が辞めるといったのは決してハッタリではなく本気だったのです。

再説明後にどうなったかというと、結論としては、組合はプログラムの導入自体は反対しないが、メンターには組合員を選ぶな、つまりメンターは管理職限定にしろ、という条件付き承認でした。メンティー（若手）に万が一何かあったとき、そのメンターである組合員に責任が及ばないように、という配慮だったのだと思います。

それで私の案は変更を余儀なくされました。当初の企画では、あまり年の離れたメンターでは話しづらいだろうと思い、入社一〇年目くらいの先輩社員の起用を前提としていたからです。でも組合の要求なので仕方ありません。メンターには管理職を充てるという前提で企画自体を練り直すことになりました。後に、この変更が却って良い効果をもたらすことになったのですが、当時は正直、心が折れそうでした。計画変更ということは、振り出しに戻って再び総務部長から説明をやり直さなければならなかったからです。

組合員の味方だと思っていた労働組合さえこうやって壁になるのだ。会社のためになる新しいことをやろうと思っても、みんなこうやって足を引っ張るのだ。こんなことなら、愚痴をこぼしつつ言われるがまま通常業務をやっている方がラクチンじゃないか——。そんなふうに思って落ち込みながらも、なんとか企画書の作り直しを完了。また順番に説明に回り、二人の支社長まで了解を得ることができました。

それでもまだ、プログラムをスタートできません。今度は、二つの支社内にいる約九〇人の管理職全員にプログラムの主旨と運用を理解・納得してもらう仕事が待っていました。現場を抱える彼ら管理職がメンター役になるからです。

支社の管理職が集まる定例会議で説明し、会社の財産である社員の心身の健康管理と人材育成のため、ぜひともメンターになって協力してくださいと頭を下げました。もちろんメンタリングを受ける若手社員（メンティー）にも制度を理解してもらわなければなりません。当面の対象と考えていた入社二年目の社員を集めてていねいに説明していきました。

管理職からも若手からも予想通り「どんな意味があるのか」といった辛口の質問も出ましたが、ひとまず承諾を得ることができ、試験的なメンタリングプログラム、「コミュニケーションサポートプログラム」がついに始動。みな「ひとまずやってみよう」と前向きに取り組むことになったのです。

神奈川支店に異動してから実に二年近くが過ぎていました。

評価を勝ち得て本店凱旋かと思いきや……

二〇〇七年、このプログラムの事務局として「コミュニケーションサポート推進グループ」が設置され、私はそのマネージャーに就任しました。これで私自身が管理職となり、組合員ではなくなったわけです。チームには副長と主任が一人ずつ配属されました。責任重大ということです。

開始に当たって、先述の通りメンティーは入社二年目の若手に絞ることとし、直属の上司以外の管理職（課長以上）をメンターとして付けてペアとしました。技術系と事務系など、意図的に全く違う分野の人同士を組ませ、途中で転勤がない限り基本的に一年間、ペアは変わりません。最初は一支社二〇組ずつくらいから始めました。

その二人には、一カ月に最低一回三〇分程度、内容はなんでもいいので自由に対話をしてもらい、その内容をメンター・メンティー双方からレポートで提出してもらうのです。レポートといっても負荷を極力少なくするため、フォーマットを決めて分量も絞り、あくまでも業務の一環として対話に臨んでもらいました。

管理職のほうはメンタリングといっても不慣れな人も多いので、ファシリテーションスキルの資料なども添付した手引きを配り、手厚いサポートを心がけました。

また、万が一メンティーに何かあったときでもメンターが責任を負わない仕組みを作ると同時に、メンターがメンティーの異変を感じとった場合には、本人の同意を得て健康管理室に報告できる、などのルールも、前出の産業保健コンサルティング会社の助言も得ながら整備していきました。

なお、先ほどから何度も言及しているこのコンサルティング会社は株式会社ロブといい、その代表Mさんは、私が女性リーダー研修に参加しているときからずっとお世話になってきた、私自身のいわばメンター的存在です。コミュニケーションサポートプログラムは、このMさんのサポートがなければ実現しなかったでしょう。プログラム導入決定時点で晴れて業務委託契約を交わし、プログラム事務局のアドバイザーとして一緒に運営を進めていくことができたのは幸いでした。

こうして準備を尽くしたコミュニケーションサポートプログラム開始後の評判は、嬉しいことに上々でした。

私は、このプログラムによって社員の変化に早めに気づくことができ、結果として退職を思いとどまらせたケースは少なからずあっただろうと思っています。また、たとえ最終的に辞めることになっても、ある日突然の退職願ではなく会社として手を尽くす助けになったはずだ、と自負しています。

また、メンターとなった人たちの変化も顕著でした。メンタリングが「楽しい」「気づきがあった」などうれしい感想を耳にして達成感を得たのを覚えています。

メンタリングのこうした効果を正確に数値化することはできません。だから私は、成果説明をするとき決して数字を使わないことにこだわりました。そうやって「費用対効果」を数字で見せなくても、横浜・藤沢の二支社での試験導入の効果は上層部にも認められることとなり、やがて神奈川支店管轄下の全支社で導入が決まりました。

さらに本店の労務人事部でも、大卒社員のケアにこのプログラムを水平展開したいと相談を受けるまでになったのです。それを聞いて私は、もちろん心の底から喜びました。やっと正当に評価されたと感じ、当然、本店に行ってその事業の責任者になれるものだと思い込んでいました。

ところが私が次に受け取った異動辞令は、まったく違う職場の思いもかけない仕事だったのです。

まさかの関係会社出向でまたゼロからスタート

二〇〇九年七月、私は東京電力の関係会社に出向を命じられました。人材派遣や施設運営を請け負っている株式会社キャリアライズという会社（現在のパーソルテンプスタッフ株式会社）ですが、私はその会社についてほとんど知りませんでした。

神奈川支店で私がゼロから立ち上げたメンタリングプログラムは前述の通り順調でしたし、同時に担当していた長期休職社員の職場復帰支援にも、やりがいを感じていました。こうした労務系の仕事を敬遠する人は多いかもしれませんが、私は一度も面倒と感じたことはなく、むしろ「人」相手の仕事の面白さに開眼。自分はこういう仕事に向いているのだと充実感を味わっていた矢先の異動でした。

サラリーマンに転勤は付きものと頭ではわかっていても、どうして自分はいつも貧乏くじを引かされるのか、悔しい思いはどうしようもありません。会社は「女性リーダー研修」などやってはみたものの、研修を受けてやる気になった女性をかえって持て余し、こうやって飛ばされたのではないか、と勘ぐりたくもなるというものです。

そんな鬱々とした気分で出向いたキャリアライズという会社は、パートなどを含む従業員数が一〇〇人ほど。私のような東電からの出向者は少なく、大半がプロパー採用という組織で、社長は女性リーダー研修でお世話になったEさんが務めていました。Eさんはその研修を企画実行した当の本人です。そのEさんから、うちの会社でやりたいことがあるので是非手伝ってほしい、それができるのは間下さんしかいない、と言われました。引き抜かれた、と言えば聞こえはいいですが、持て余し気味の研修参加者を、責任をとればかりに体よく押し付けられただけじゃないのかしら。当時はそんなふうにも考えてしまいました。

ともかく、やりたいこととは具体的に何ですかと尋ねると、同社が東京電力から運営を受託している「電気の史料館」の改革とのこと。基本的には来館者を相手にする接客業ですから、私にとってはまたもや未経験の分野です。正直、やれる気はしませんでした。しかし、「間下さんならできる」の一言で、新たな任務がスタートしたのです。

「電気の史料館」は二〇〇一年一二月にオープン。日本における発電の歴史や発電の仕組みなどを展示した有料施設です。私が以前に所属した横浜市の技術開発センターと同じ場所にあり、もともと社員食堂と喫茶室、体育館が入っていた建物を改修して作られたものです。周囲には地域に開放された公園や歩道などもありました。

私はキャリアライズからその「電気の史料館」へ、初の専属課長として派遣されました。前任者はいましたが、史料館専属という役割ではなかったのです。その前任者から大枠を引き継いでもらった職務内容は、結果として私の仕事全体の三分の一くらいだったでしょうか。まもなくどんどん職務が増えて、当初の話にはなかったフロアマネージャーも兼任することになりました。受付から始まって一階・二階の展示フロア、最後のお土産ショップまで、館全体を仕切る支配人のような役割です。

そうやって日々の運営をこなしつつ取り組んだのは、まずガイドツアーの質の向上を図ることでした。

来館したお客さまにはスタッフがついて説明して回るのですが、当時はこのガイド役としてパートの女性二名と、東京電力ＯＢの男性が五〜六人いました。そのガイドの様子を初めて見学したときの、まあ驚いたこと。特にＯＢ男性のうち二人の話し方や態度はひどいものでした。ポケットに手を突っ込んだまま、相手の興味など気にもかけず自分の得意なところだけ一方的にしゃべっておしまい。接客素人の私が見ても「なんだこれは」というレベルでした。

定期的な接客研修をやってきたはずなのに、その学びが現場に活かされているとはまったく思えません。なぜこんな事態になっているのか、常駐しているキャリアライズのプロパー社員に尋ねると、統率する人がいないからだという答えでした。つまり、現場から本社が遠く、どうせ自分たちはどうでもいいと思われている、と感じているというのです。それでは士気も上がるはずがありません。ただ、そういう組織上の根本的な問題はまた別に対処するとして、日々のお客さま対応は一刻も早く改善する必要がありました。

結果から言うと、ＯＢ男性の半分くらいは退職してもらうことになりました。まずガイドに臨む際のチェックシートをつくり、互いの案内を見学させ、フィードバックで改善点を指摘し再チェックの繰り返し。改善されていなければ個別に指導、といった地道な教育を徹底したら、自分の好きなように案内ができなくなったおじさんは自ら辞めていった、というのが実際のところです。

同時に、来館者の層をさらに広げようと、ガイドツアーのメニューの多様化にも取り組みました。もともと一般個人客と企業団体客、両方の来館がありましたが、相手に応じた内容のカスタマイズが適切にはできていなかったからです。

まずは基本となるファミリー向け六〇分コースと、技術者・専門家向け九〇分コースを策定。史料館の中には展示のみのコーナーと実際に機械などに触れられる体験コーナーがありますが、お客さまの要望にあわせて案内するコースを決め、基本となるスクリプトにバリエーションを肉付けしていく形で練習を重ねました（他に四五分などのショートコースも整備したと記憶します）。

やっぱり「人」相手の仕事が好き

同時に、キャリアライズ自体の組織改革にも手を付けました。

史料館の所有者は東京電力ですから、東電側にも「電気の史料館グループ」という担当組織があります。建前としては、そことキャリアライズとが一緒になって史料館の改革に取り組むことになっており、出向者である私にはその間をつなぐ役割が期待されたわけですが、両者はどうみても対等な立場ではありませんでした。史料館にキャリアライズ側の責任者となる立場の人がいなかったからです。

現場が親会社の言いなりになって士気が下がらないよう、私は館長（東電）につづく副館長の立場にはキャリアライズのプロパーが就任すべきと考えました。そこで、私に「史料館をよろしく頼む」と言った社長のEさんにかけあい、外部から新しく副館長人材を採用してもらうことに成功したのです（このとき私の考えを社長に理解してもらえたのは、間に立って何度も相談にのってくれた副社長Nさんのおかげでもあります）。

こうして私は史料館の改革に取り組み、自分としてはそれなりの成果を出していたつもりでいましたが、半期に一度の人事考課はあまり芳しくありませんでした。E社長のほか、キャリアライズ本社にいる人事担当と出向元の東電の所属部署が評価してくれているはずですが、現場での私の仕事ぶりなど全然見ていないのに、という不満は禁じえませんでした。

それでも気を落とさず自分のやるべきことに集中できたのは、やはり私は「人」を相手にする仕事が好きなのだという思いが、一層強くなってきたからです。直前の労務人事の職場で発見した「人」相手のおもしろさが、未経験だった接客業の体験を通して、さらに増幅された感じでした。

もちろん、お客さま対応の仕事は決して楽ではありません。それでも、この職場では自分の考えた施策をすぐに実行に移すことができ、その良し悪しが明らかに結果として目に見えました。また、それによって人が成長していく姿も間近で見ることができ、働き甲斐は大きかったと感じます。

もっとも、身体的には相変わらず激務でした。史料館は土日祝日に開館しており、交替で休むのですが、たまたまパートさんが一人辞めてしまってゴールデンウィークのシフトが回らなくなった年がありました。そのとき私はフロアマネージャーをやりつつ、案内係からお土産ショップのレジまで一人三〜四役をこなし、二週間連続で勤務する羽目になったのです。

さすがにきつくて途中一回だけ休みをもらい、いつものテニススクールに行きました。学生時代から続けてきたテニスは、私にとって欠かせないストレス解消手段でもあります。何年も通っているこのテニススクールへ向かうルートは、もう何百回も通った道。それなのに、この日はなぜか車のサイドミラーを電柱にこすってしまいました。それほど疲れで集中力がなくなっていたということでしょう。まったく大事に至らずよかったと、ほっと胸をなでおろす思い出です。

こうして「電気の史料館」改革の日々は慌ただしく過ぎていきました。そして私はここで「あの日」を迎えることになったのです。

第二章　3・11、あの日を境にすべてが変わった

原子力部門でない社員のキャリアも大きく変えたイチエフ事故。
直後の緊急対応から二度目の福島赴任が決まるまでの五年間。

大きな揺れに「これはまずい」

二〇一一年三月一一日金曜日の午後。私は「電気の史料館」フロアマネージャーとして、いつものように一階の奥からロビーやお土産ショップなどが見わたせる位置に立ち、館内の様子に目を配っていました。

その日はちょうど福島県の楢葉町から、町役場の企画した町民ツアーのお客さまが来館中でした。四〇名ほどが三班に分かれてそれぞれにガイドが付き、館内ツアーが始まったのは二時半頃だったでしょうか。全員が見学エリアに移動してロビーが静かになった頃、足元に大きな揺れを感じました。

とっさに「これはまずい！」と思いました。今から思うと恥ずかしいことですが、それまで私はお客さまの避難誘導マニュアルを見たことがなかったのです。当然、非常時の避難訓練もしたことがなかったし、ヘルメットの場所もわかりませんでした。

とにかく、まずはお客さまの安全確認が第一です。私は揺れが収まるのを待たず、すぐに見学コースの出口の方から逆に走り出しました。パネルや機械などの展示物は、床に固定してあるものはまだしも上から吊り下げてあるものが大丈夫か、とにかくそれが心配で天井を見上げると、展示物のひとつである碍子（ガイシ＝架空線に付ける絶縁装置）がゆさゆさ揺れていたのを覚えています。

広い館内をかけずり回ってお客さまを探すと、あちこちで座り込んでおられましたが、幸いケガをした人はいない様子。「落ち着いて、姿勢を低くして、揺れが収まったらロビーに集まってください」と声をかけて回りました。

そこから全員を安全のため屋外に誘導し、点呼をとるのに三〇〜四〇分かかったでしょうか。同じ敷地内にあった技術開発センターの研究員たちも、みな外に出てきていました。記憶の詳細は定かでありませんが、建物全体の管理担当の人たちが館内の安全を確認してくれて、全員で屋内に戻るまで一〜二時間、外に立ちっぱなしだったように思います。この日はまだ肌寒く、私を含めて上着なしで出てきた人はみな、かなり寒い思いをしたはずです。

その時点で、何組か来館していた個人のお客さまはもう帰宅されたようでしたが、楢葉町のみなさんはすぐには帰れません。とりあえず史料館の二階にある大ホールで待機していただくことにしました。その頃には施設所有者である東電から社員が応援に来ており、ホールの椅子や机の運び出し、毛布集めのほか、差し入れの食料買い出しも協力してくれました。夕刻にはもうどの店でも品薄になっていたようですが、それでも数店のコンビニを回って乾きものやお菓子、カップラーメンなどを入手してきてくれました。

幸い館内は停電しなかったので、ホールのスクリーンにテレビをつないでニュースを映しました。楢葉町のみなさんはそれでずっと津波の映像を見続けていたわけです。添乗していた町役場職員の方も、ずっと現地と連絡を試みていたはず。さぞや心配で、居てもたってもいられなかったことでしょう。おそらくみなさん一睡もしないまま、翌日の明け方、乗ってきたバスで楢葉町へ向けて出発されました。

途中の道路状況がわからないまま文字通り「見切り発車」だったということですが、もと来た道が通れず、大渋滞のなか一五時間くらいもかかって無事楢葉町に到着したと、後からお知らせをいただき、東電側の史料館担当部門の人たち共々ほっとしたのを覚えています。

実は、早朝に楢葉町のみなさんが出発したとき、私は史料館にはいませんでした。

地震の当日、パート職員や東電OB職員のうち徒歩で帰れる人は、家に着いたらメールで報告するよう指示して徐々に帰宅させ、後に残ったのは私とキャリアライズ社員がたしか二人、それに応援に来てくれた東電職員数名です。二階のホールにいる楢葉町のみなさんが無事帰路につくのを見届けるまでここを離れるわけにはいかない、という共通認識のもと、その晩、私たちは会議室に泊まり込むことにしました。

一方、私は業務の合間に自分の家族にも連絡を試みていました。同居の両親は七〇代後半。まだ元気ではあったものの、やはり内心とても心配だったからです。電話はもちろんつながらず。ショートメールを何十通も送ってやっと二人とも安全が確認でき、ひと安心したのも束の間、夜遅くなって少々パニック気味の父から「帰ってこられないのか」という連絡が来ました。

もちろんすぐに帰れる状態ではないし、それでなくてもその晩の首都圏は帰宅困難者でいっぱい。タクシーなどとてもつかまらないと思いましたが、深夜一二時を回った頃、懇意にしていたタクシー会社にダメモトで連絡してみたのです。その時点で順番待ちは三〇番目、何時になるかわからないと言われましたが、とりあえず予約は入れておきました。

そのタクシー会社から「順番が来ました」という電話をもらったのは、朝五時くらいだったかと思います。私は他のことで頭がいっぱいで予約したこと自体忘れており、電話に出てから思い出しました。楢葉町のみなさんはまだホールにいらしたので、先に自分が帰ってしまうことに後ろめたさは感じましたが、一緒に残っていたキャリアライズ社員たちの「あとは大丈夫ですよ」という言葉に甘えることにしたのです。

史料館のある横浜市鶴見区から自宅のある東京都狛江市まで、大渋滞を覚悟したのに意外なほどスムーズで、六時半頃には家に到着。寝ている両親の姿を見てどっと疲れが出ました。

実は、前日の夜に父と話して「いまは帰れない」と返事したとき、父がつぶやいた一言がありました。

「使えないな」

それはいまでも忘れられません。お前は肝心なときに役に立たないんだな、という意味だと私には思えたのです。それからずっと、母の介護が必要になっても両親との同居を続けている理由は、ここにもあるような気がしています。

イチエフ爆発の映像を見て頭が真っ白に

電気の史料館はその日以降、当面休館と決まりました。私は、翌日の土曜日はもともと休みの予定だったこともあり、週末ずっと自宅でテレビにかじりついていました。でも、どれだけ地震や津波の映像を見ても、「うちの原発、危ないんじゃないか？」という考えは一度も浮かばなかったのです。

一二日土曜の午後、福島第一原発（イチエフ）の一号機建屋が水素爆発、というニュースを見たときも、いったい何が起きてるのか分からず頭が真っ白。「うそでしょう？　これは画面の合成じゃないの？」と真面目に思いました。

正直なところ、同じ東京電力という会社でありながら、私にとって原子力部門はまるで別世界でした。新入社員研修でたしか福島第二原発（ニエフ）に一度見学に行った記憶があるくらいです。そのときに原子力発電の仕組みは教わりましたが、その後の接点はまったくなし。知り合いの社員もいませんでした。もともと原子力とその他の部門との人事交流はゼロに近かったのではと思います（現在でもそう感じます）。

そんなことですから、原子力部門以外の社員にとっては、原発とは安全に動いて当たり前の存在。社内でも「安全神話」というフレーズを聞いた記憶があるくらい、原発で事故なんか起きない、とにかく原子力は安全なんだという認識は、私を含めて当時はほぼ全社員が持っていたと思います。というより、原発には無関心だったと言った方が正しいかもしれません。

だから、今回のイチエフの事故が会社全体にどういう影響を与えるか、漠然とした不安を感じる以外、私はその時点では具体的に想像できていなかったのです。

月曜日からの計画停電のこともテレビで知りました。出向中の身である私には、原発事故に関して応援態勢などに関する会社からの連絡は何もなし。そもそも会社の人と頻繁に連絡を取り合える状況ではなく、情報源はテレビだけでした。

東京電力では、大震災の前から災害時の緊急対応の手順は決まっていました。管理職以上は全員招集され、保安班、厚生班、連絡班など予め割り当てられた班で活動することになっており、私も出向直前の神奈川支店時代は一般防災の厚生班に属していました。そして、原子力発電所が立地している地域で一定規模以上の地震が起きると、原子力防災の各班が立ち上がることになっていたはずです。ただ、このとき私は出向中で招集に応じる義務があるかどうか明確でなく、会社経由で情報が来た記憶もないのです。

それでも、以前私は配電部門にいましたから、計画停電のニュースを聞いたとき、現場はどういうことになるか、その影響の大きさはだいたい想像がつきました。


地震から三日目の三月一四日月曜日。史料館は休館が決まっていましたが、私はとりあえず出勤して残務処理を始めました。技術開発センター内の研究棟と史料館はロビーでつながっています。建物全体の住所は横浜市鶴見区でしたから、たとえ一部でも計画停電区域だったはずですが、センターのある一帯だけはなぜか停電しませんでした。しかし、東電の施設が停電していないとわかると良くないので、照明はつけず、薄暗くなってくると懐中電灯で仕事した記憶があります。

ただそんな日々もすぐに終わりました。再開のメドが立たない史料館の運営委託は中止。したがって、キャリアライズには私のような出向者も不要となり、私は出向解除になったのです。「電気の史料館」勤務開始から一年八カ月。成果が出つつある改革の途上だったのに、と思うと、不可抗力とはいえ残念でしかたありませんでした。

一方、苦楽を共にしたキャリアライズ社員二名はその後もしばらく史料館に残り、パート職員らの雇い止めの手続きなどの残務を引き受けてくれました。私としては、仕事を残して出向元に帰ってしまって申し訳ない気持ちでいっぱいでした。

まずはイチエフの緊急対応を支える仕事に

三月下旬、東京電力に戻った私は、本店の労務人事部付けとなりました。たまたま同期だった健康安全グループのマネージャーから、ぜひとも手伝ってほしいといって呼ばれた形でした。最初に担当した緊急の業務は、イチエフの産業医の手配です。

従業員一〇〇〇人以上の規模の事業所には、専属の産業医を置くことが法律で決められています。したがってイチエフにも契約を結んでいる産業医が常駐していたのですが、その先生が突然お辞めになった、と現場から連絡があったというのです。三月末の契約満了を待たずに去られた理由については、私には想像することしかできませんでしたが、とにかく急いで代わりの先生を手配しなければなりません。いまこそ現場作業員の健康管理が必要だったのですから。

といっても、いきなり代わりの先生をイチエフに送り込むことはできません。そもそも当時の状況では、イチエフ構内にある免震重要棟に先生が入れるかどうかの判断ができなかったのです。これは私が後から聞いたことですが、当初、イチエフではAPD（電子式線量計）の数が足りず、個人の正確な被ばく線量が測定できていなかったからです。

そこで、とりあえずイチエフから南に二十数キロのところにあるJヴィレッジ（楢葉町と広野町にまたがるサッカーのナショナルトレーニングセンターで、三月一五日から原発事故対応の前線基地となっていた）に保健室を構え、当時東京の信濃町にあった東電病院から先生と看護師を数人ずつ、交替で派遣することになりました。イチエフで作業員になにか健康上の問題があれば、Ｊヴィレッジまで搬送してもらうことにしたのです。ただし、当時はＪヴィレッジ周辺でもまだ上下水道が止まっており、現地ではお風呂にも入れないので、一回の派遣はせいぜい二泊三日が限度だったかと思います。

こうして産業医のほうはなんとか近隣に手当てできたものの、イチエフ構内で何かあったときに備え、やはり現場で即座に対応できる体制を整えなければならないという判断になりました。そこで、Ｊヴィレッジの保健室への産業医派遣と並行して、イチエフ構内の免震重要棟の一部を除染するなどして一定の環境を整え、そこで宿直で勤務してくれる救急救命士の先生を新たに探すことになったのです。

その募集にあたっては、会社の上層部が原子力安全研究協会はじめ医師登録のある諸団体や産業医科大学（福岡）などに支援を求めたのですが、東電のために一肌脱ごうと、最終的に四〇人ほどの先生方が手を挙げてくれたことには本当に感激しました。なかには関西電力や日本原燃（青森）の産業医もいたと記憶しています。そこで私は、その約四〇名が三六五日、交替で現地に入るためのシフトカレンダー作成、および先生方の派遣に関する事務一切を担当することになりました。

前述のとおり、私は原発についてはまったく知識がありませんでした。イチエフの構内に入るためには非常に複雑な手続きが必要だということも、このとき初めて知ったのです。もちろん、原子力発電所内に誰でもふらりと立ち入れるわけではないことは知っていました。事前申請と許可が必要なのは、安全上当然のことです。

ただ、私にとってはこの手続きが初めてだったので、イチエフに入るためにはこんなにたくさん書類が必要なのか、と正直最初は面くらいました。交替でイチエフに行っていただく先生には健康診断書を出してもらうのですが、それが決められた期限内のものでなければいけないとか、初めて知るルールや規則も数多あり、最初のうちは書類のやり取りを間違えないようにすることで精いっぱい。本当に緊張しながらやっていました。

応援してくださる先生チームの中にはかなり遠方の方もいて、そういう方がイチエフに入る場合は近くで前泊が必要です。その宿の手配も私の仕事でしたが、当時は事実上いわき市内のホテルしか選択肢がなく、しかも需給がかなりひっ迫していました。

すでに世間では「東京電力＝加害者」として認識されていましたから、社名を名乗って予約の電話をするのは非常に気を使ったものです。実際、邪険な対応をされたことも多々ありましたが、中には「こうなったら加害者だの被害者だの言ってられないでしょう」と言って、必要な数の部屋をこころよく押さえてくれた宿もあり、助けられました。

急ピッチで進んだ全社員の意識改革

私が最初の頃に担当したもうひとつの業務が、被ばく線量が一〇〇ミリシーベルトを超えた作業員について、厚生労働省へ報告する仕事です。イチエフから送られてくる氏名リストを毎日、厚労省へファクスで転送していました。

当時の私は、イチエフのことを知らないのと同じくらい、放射線の知識もありませんでした。放射能を表す単位であるシーベルトやグレイやベクレルなども、二〇年前の新人研修で勉強したはずですが、この頃はもうすっかり忘却の彼方。だから一〇〇ミリシーベルトという数字の意味もよく分かっていませんでした。

もっとも、放射線について知識がなかったのは私だけでなく、本店の事務部門はみな同じようなものだったのではないでしょうか。本来、本店の労務人事部は会社の全社員の健康安全を守るのが務めのはず。しかし、この事故が起きるまで、被ばく線量管理だけはなぜかずっと管轄外だったのです。何にせよ放射線が絡む問題は原子力部門の専管事項とするという取り決めがある、と聞いたこともありました。

ただし、このときはもう原子力部門の中だけではとても手が回らなくなっており、本店の労務人事部が全面的に支援する体制になっていたのでした。逆に言えば、それほどの緊急事態だったということで、いま思い出しても身が引き締まる思いがします。ただ、そんな経緯のためか、事故後の社員の被ばく線量管理については原子力部門と本店の労務人事部との間で責任の所在が曖昧になった部分はあったように感じます。

当時の決まりについて正確にいうと、事故が起こる前の原発作業員の被ばく線量の上限は、一年間で五〇ミリシーベルト、五年間で一〇〇ミリシーベルトと定められ、それを超えると原発内で作業ができないことになっていました。それがこのとき（正確には二〇一一年三月一四日から一二月一六日まで）、緊急被ばく線量限度として一時的に二五〇ミリシーベルトに引き上げられていたのですが、私が毎日ファクスをしていた頃（三月下旬からしばらく）は、まだそこまで達した人はおらず、イチエフからの報告には一〇〇ミリを超えた作業員の名前が書かれていました。

被ばく線量は累積で増えていくので、氏名のリストも日を追うごとに長くなっていきます。それが三〇人くらいになった頃、ファクス送信の業務はなくなったと記憶しています。ちなみに、二〇一六年の厚生労働省の資料を見ると一〇〇ミリ超は一七四人、二五〇ミリ超は六人となっています。

ただし、前述のとおり、事故直後のイチエフにはＡＰＤ（線量計）が足りていませんでした。後から聞いた話では、作業員全員が一人一台は持てないので、リーダー一人がＡＰＤを持ってみんなでなるべく固まって作業し、全員の線量を同じとみなす、というような処理をしていたというのです。だから実際はもっと被ばく線量が多かった人はいたかもしれません。

こうした話は、私がたまたま本店の労務人事部でそういう仕事を担当したから知り得たことであり、たとえばどこかの支社でお客さま対応に回っていたら知らずに終わっていたでしょう。あの事故の当日およびその直後、東京電力内のどの職場でどんな業務に就いていたかによって、その個人に入ってくる情報はかなり違ったと言えます。

ただし、全社員に対する意識改革はかなり徹底して、しかも急ピッチで行われていました。社内のイントラネットに出される経営陣のメッセージが、それまでとはまるで違うトーンになったのはもちろん、各部門の部長・マネージャーたちからはかなり具体的に「やってはいけないこと」が指示されていました。たとえば、照明をつけていることがわからないよう窓のブラインドを閉めろ。一歩社外に出たら私語を慎め、会話の中で社名を出すな、大声で笑うな。それから絶対に信号無視をするな、等々。

すでに世間では東京電力という社名を口にできない雰囲気になっていましたし、親が東電社員とわかった子どもが殺人者呼ばわりされ、いたたまれずに辞めていった社員も個人的に知っています。

幸い私の周りには、事故後急によそよそしくなった友人は一人もいませんでしたし、長く通っているテニススクールでもみな、「大変だね、大丈夫?」と逆に気を使ってくれました。それでも、話が東北のことや計画停電のことに及ぶと、個人攻撃ではないとわかっていても、消え入りたいような気持ちになったものです。なかでも東北出身の友人たちには申し訳ない思いでいっぱいでした。

いよいよ福島へ赴任の辞令が

労務人事部でそうした作業を半年ほど続けた九月の半ば。連休直前に私は上長に呼び出されました。これはもしかして……という予感は的中。一〇月一日から福島へ行ってほしいという内示でした。

その頃までに東電は、各地に補償相談センターを立ち上げ、被災者の方々の賠償請求への対応を始めていました。関東の一都六県に一カ所ずつ、静岡、山梨、柏崎(新潟)、そして福島県内には福島、郡山、いわき、会津若松など数カ所。それらのセンターには関東圏の社員が交代で、数十人単位で派遣されていたのです。

通常、異動の内示はもっと直前ですが、上司いわく「これは普通の異動と違って人生を変えてしまう可能性もある、連休中に家族ともよく相談して決めるように」ということで、例外的に早めに内々示をくれたようでした。いちおう、断ることはできるのかと聞くと返事はＹＥＳ。でも私は内心、「やっぱりきたな」という気持ちでした。私は出向解除で戻ってきたばかりの女性管理職。ラインは持たず部付け仕事。しかも幸か不幸か独身で、同居の親もまだ元気。会社にとっていちばん動かすのが楽なタイプの人材だったからです。

それでなんとなく心構えはしていたのですが、上司から最初、「いわきの補償相談センターへ行ってくれ」と言われたときは、思わず「えっ？」という顔をしてしまいました。いわきは東京からのアクセスが常磐線のみで、「遠くて時間がかかる」というイメージだったからです。私は、たとえ転勤しても毎週末東京に帰るつもりだったのです。直後に「間違えた、郡山だった」と訂正され、今度はとっさに新幹線で何時間だろう？　などと頭がぐるぐる回転しはじめました。

とりあえずその日は「よく考えます」といって退室し、すぐ親にメールすると、「どうしてお前なんだ」という質問が。先述の理由で「私は会社から見て動かしやすい人だから」と答えると、「そうか、それならがんばってこい」。仲のいい友人からも同様の返事でした。

当時の私の本音を言えば、「行きたくない」という気持ちが半分。でも残りの半分は、そうであっても東電社員として誰かが行かなければならないという使命感でした。それで結局、連休明けに「行きます」と返事をしたのです。

もちろん、このとき補償相談センターへ異動したのは私だけではなく、同じ労務人事部からも他に数名が行くことになったのですが、当時は自分から手を挙げる人など、少なくとも私の周りにはいなかったと記憶しています。

「私たちは加害者になってしまったのだ」

そして二〇一一年一〇月、郡山市の補償相談センターでの勤務が始まりました。観光ではなく仕事で福島県に来たのは、新人研修でニエフに来たとき以来でした。

各地の補償相談センターの開設準備は、すでに半年前の四月から猛ダッシュで行われており、まず用地部門や通信部門などから成る先遣隊が、場所の確保やインフラ整備を完了。一〇月時点では既にセンター事務所は稼働中で、その下に個人向け・法人向けの相談窓口が開設され、被災者の方々に対する支払い業務も始まっていました。

ちなみに、同じ頃までには東京の有明にも賠償に関するコールセンターが開設されていたし、本店内にも事故対応や賠償業務に関するいろいろな組織が猛烈なスピードで作られていて、私は自分の会社ながら率直にすごいなと感動したものです。

なかでも、四月から福島入りしていた先遣隊の苦労には頭が下がりました。その多くが用地部門の社員たちだったと思います。用地部門というのは、もともと変電所や送電塔などを建てるときに必要な土地の手当てを担ってきた部門です。でも今回は、いわゆる「東電さまさま」だった時代の用地交渉とは違い、「加害者」の立場で「どうか場所を貸してください」と頭を下げて回る仕事だったわけです。また、最初の頃の窓口対応をしてきたのも彼らでした。

私たち一〇月着任組が事前に受けた一日研修では、そうした先遣隊の体験談を聞かされました。郡山のコンベンション施設などはイチエフ周辺の自治体から着の身着のままで逃げてきた方々の避難所になっていましたが、そうした場所で初めて賠償の説明会をしたときのこと。人殺しと怒鳴られたこと。硬い床の上で何度も何度も土下座をしたこと。そのとき被災者の方々から言われたこと、見せられたもの、等々。正直、話す方も、聞く方も、涙なしではいられませんでした。

「これまでのように電気をつくって売るのとはまったく違う、誰にとっても初めての仕事に取り組むのだから、今までの実績など一度ぜんぶチャラにして、根本的に考え方を変えろ。そうでなければここではやっていけない――」

私と同時に郡山に異動した社員は、全部で五〇人くらいだったと思いますが、その全員がこの研修を受け、おそらく全員の意識が変わったと思います。少なくとも私は変わりました。私たち、本当にまずいことをしちゃったんだ。これまで「電気をつくってくれてありがとう」と言ってもらえたのに、いきなり加害者・殺人者になっちゃったんだ――。涙とともにそう痛感したのを覚えています。

郡山補償相談センターは総勢一〇〇人くらいの陣容でした。事務所は駅からほど近いオフィスビル。また、管轄下の個人向け相談窓口が郡山駅前と田村市と郡山南に、法人向けは白河市に開設されていました。私はそこで業務グループの担当課長に就任し、総務労務系の責任者となりました。

具体的には、窓口で被災者対応をする社員のサポート（健康管理を含む）がメインで、他にも毎週の管理職会議や安全衛生委員会の事務局なども務めました。そういう後方支援の仕事だったのと、その頃は既に被災者対応が事務所ではなく窓口施設に一本化されていたことから、私が直接被災者の方の応対をすることはほとんどありませんでした。

ただ、当時の窓口対応社員の話を聞くと、土下座のような極端なケースはもうさすがになかったものの、激高した方から罵声を浴びせられたり、モノを投げられたりしたケースはあったようです。また、体調不良で現地の病院にかかったら、待合室でわざわざ社名をつけて名前を呼ばれ、周囲の目がつらかった、だから二度と現地の病院には行きたくない、という社員もいました。

私たち業務グループでは、そういう経験をした社員がいたらその上司が適切に対応できているか確認するなど、フォローを心がけていました。

生活全般、ひたすら目立たないよう努力するも……

郡山での私の住まいは、会社が借り上げたウィークリーマンションという名の木造アパートでした。最低限の家具や家電は備え付けられていたし、準備する時間もあまりなかったので、自宅から荷物は何も送らずほとんど身一つで赴任しました。派遣任期はおおよそ一年前後という暗黙の了解があったものの、何があるかわかりませんからもっと長くなる可能性はありましたが、そのときはそのとき。足りないものは現地で少しずつ買いそろえればいいと思ったのです。

そのアパートから職場まではバスで行くこともできましたが、私は毎日、五〇分かけて徒歩で通勤していました。理由は健康のため、だけではありません。都会と違ってバスの本数が少ないので、朝はどうしても同じアパートに住んでいる他の社員と乗り合わせて、必然的に世間話をすることになります。それはいいとしても、もし話の内容を周りの乗客に聞かれたら会社の名前がわかってしまうので、それは避けたい。そんなふうに気を使ったことも理由でした。

他にも、福島での生活における注意事項は会社からいろいろと聞いていました。服装は地味なものを選ぶこと。アクセサリーはダメ。ブランド品などもってのほか。大勢で飲みに行くのもご法度。東電という所属がなるべく外にわからないように、という指示でした。私もそれに従って、できるだけ外食は避け、服装もなるべく目立たないように心がけていました。もともと私は鮮やかな色や柄ものの服が好きだったのですが、郡山赴任にあたってはワードローブ全とっかえ状態で臨んだのです。

それでもあるとき、私がワンピース姿で外を歩いていたのを見かけた同じ業務グループの地元出身の男性社員から、「やっぱり間下さんはこっちの人と雰囲気が違う」と言われました。別に咎められたわけではありませんが、ここでは常に見られているのだと、改めて緊張を感じたものです。

当時、福島県内に派遣されていた社員たちは、その多くがこうしてかなり気を使って生活していたのではないでしょうか。しかしその一方で、福島に少しでもお金を落とすためだと言って、終業後の会食や休日の行楽に出かける人たちがいたのも事実です。

世の中にはいろいろな考え方の人がいるものです。自分の常識のほうがおかしいのか、と思っても誰に相談できるわけもなく、一人悶々とするしかありません。そんな状況下、私の唯一のストレス発散は、やはり東京に帰ることでした。このときも土曜の朝一〇時のテニススクールをどうしても続けたくて、ほぼ毎週、金曜夕方の新宿行き高速バスに乗り込んだのです（新幹線を使わなかった理由はもちろん、交通費の節約です。家族を残してきた単身赴任者なら帰宅旅費が出ますが、独身の私は対象外でした）。

非常事態で表面化した「常識の違い」

そんな生活をしていた私も含め、補償相談センターはいろいろな部署からの人材の寄せ集めでした。自ら志願して来ている人はまずいなかったはずで、むしろ、自分はなぜこんなところでこんな仕事をしてるのか、と感じている人が大半だったでしょう。私自身、会社への思いは複雑でした。でも率直に言って、みな多かれ少なかれ、経営トップに対してというよりは原子力部門に対して恨みを抱いていたはずです。「あいつらのせいで俺たちこんなことになった」と。

ところが、当の原子力部門からだけは、補償相談センターにほとんど社員が派遣されていなかったのです。その理由を人事に直接尋ねたことはありませんが、どうやら原子力部門は事故の収束と廃炉作業に専念せよ、という方針だったようです。また、イチエフ関係の社員は自分自身が被災者という面もあるため、賠償の仕事に携わると知らなくてもいいことまで知ってしまう、という懸念もあったのではないでしょうか。

でも個人的な意見を言えば、このときは原子力部門の人たちも補償相談センターに来て、他の社員たちと一緒に被災者の方々の生の声を聞くべきだったと考えます。会社の中でも原子力部門だけは別世界で、いわば要塞化していた、という話は前にも書きましたが、事故後に及んでもそうやって「現場」から遠ざけて過保護にしたために、世間知らずの体質が温存された面は今となっては否めないと思っています。

もっとも、原子力以外の部門から福島に集められた社員たちとて、一部には会食や行楽に行く人がいるなど、必ずしも認識は揃っていなかったと思います。電気をつくって売るという決まり切った仕事をやっている間は決して気づかなかった社員個人間の「認識のズレ」が、未曾有の非常事態で一気に表面化した、という感じだったでしょうか。

詳しくは述べませんが、たとえば「被災者の立場に立って考える」ということがどうしてもできない人もいたのです。俺たちは悪くない、そんな「おもてなし」をする必要はない、という感覚が垣間見えたこともありました。そういう場面に遭遇すると、ああこの人はこれまでずっとそういう感覚で仕事してきたんだな、同じ会社の社員なのにこんなに考え方が違う人がいたのか、と思わされました。まさに「会社の常識は世間の非常識」になり得るのだと、身をもって知ったのです。

ただ、私が福島に赴任している間は、そういうことをあまり周囲と話せる環境ではなかったので、東京に戻ったとき家族や友人、同僚に相談し、そこで私の常識は間違ってないと言われて安心する、ということの繰り返しでした。


そんな郡山での時間はあっという間に過ぎていき、翌年の九月、再び異動の内示が出ました。正直、一年で終わってよかったと思いました。補償相談センターでの仕事自体は耐えられないほど辛かったわけではありません。でも、私にとっては生活環境の変化によるストレスのほうがじわじわと大きくなっていたので、これで東京に帰れる、と思ったらホッとしました。「東電社員として福島で生活する」こと特有のしんどさは否めず、さすがの私も疲れてしまっていたのです。

ただし、その一年間、現地で一緒に働いた社員たちは「戦友」のようなもの。時間を経たいまも大切な仲間であり、感謝しかありません。

こんどは営業店で社員の福島派遣を担当

二〇一二年一〇月、再び東京に戻った私は、多摩支店に配属となりました。東京都下（二三区外）を管轄している営業店です。そこで以前に担当していたような労務人事系の仕事に戻れるのかと思いきや、ふたたび総務部付けという中途半端な立場に置かれました。「部付け」というのは通常のライン業務を持たない、プロジェクトベースというか遊軍的なポジションなので、微妙に落ち着かない部分があるのです。

それはともかく、私の名刺に書かれた肩書きは「ダイバーシティ推進担当」でした。女性管理職の育成や障がい者雇用の促進、性的マイノリティへの配慮など、いわゆるダイバーシティの推進は東電でも二〇〇六年あたりから本腰を入れていたのです。各支店にも担当が置かれ、各種セミナーの開催や女性管理職候補の名簿の管理などを行っていました。

私も多摩支店で名目上はそういう仕事をすることになったのですが、このときはイチエフの事故からまだ一年半という時期。現実にはとてもそんな状況ではありませんでした。実際にまず担当したのは、福島県内の被災自治体からの支援要請に応じて、支店管内の社員を現地派遣する活動の調整役です。

当時はすでに東電本店内に福島復興支援室という部門が設けられ、福島県内にも現地事務所が設けられていました。そこが、イチエフ事故で避難を余儀なくされた被災自治体に「お手伝いが必要なお困りごと」をヒアリングして関東エリアの一〇支店に振り分け、支店側の担当者が管内の社員派遣を調整するという活動が始まっていたのです。私がその担当に任命されたのは、一年間郡山にいて現地のことも少し知っているからやりやすいだろう、という判断だったのかもしれません。

本店を通じて来る依頼の内容はさまざまでしたが、最初のうちは避難先の応急仮設住宅周りの作業が多かったです。春夏は除草、冬場は雪下ろし（雪の多い会津地方にも仮設住宅があった）といった肉体労働が主でした。他にも、パソコンを使ったデータ入力や、町民に配布するタブレット端末の初期設定といった作業。しばらくしてからは避難者の一時帰宅に伴うご自宅の清掃や片付け、地域イベントの手伝いなどもありました。

多摩支店は比較的小規模だったので、一回の派遣要請は八人から二〇人くらいでした。それを私が支店内の各部門と支店管下の八王子・立川など四支社に輪番で振り分け、一～三泊程度の現地活動に送り込むのです。私が担当するようになった頃からどんどん派遣数が増え、多いときはひと月に延べ五〇～六〇人くらいの規模になったかと思います。

派遣要請に対する社員の反応は、いわば二極化していました。会社からは一応、「全社員、一度は福島の現地派遣活動に参加するべし」というお達しが出ていたのですが、それでも「なんで俺たちなんだ、行ける人が行けばいいじゃないか」といった反応もたびたび。また、致し方ないことだったかもしれませんが、小さいお子さんのいる社員などは概して参加に消極的でした。一方で、率先して「なんでもやります」と言って複数回手を挙げてくれる社員がいたのも事実です。

こうして、多摩支店を含む関東一円から集められた派遣社員たちは、たいがい郡山市内や福島市内のホテルに前泊して、そこからバスなどで福島県内の作業地に向かうのですが、道中おしゃべりをしない、社名を出さない、社名の入った作業着は着ないなど注意事項がたくさんあって、まるで隠密行動のような雰囲気でした。

それでも外の目は厳しいもので、とある自治体の社会福祉協議会からの依頼で二〇人ほど貸し切りバスで派遣したとき、駐車場での態度が悪かったとして同じ敷地内にある町役場からお小言をいただいた、と間接的に聞いたこともあります。

そんなお小言が積み重なってきたためか、私が多摩支店に着任後しばらくして、東電の全社員を対象にサービスマナー研修や放射線研修が行われることになりました。初心に帰ってお辞儀の仕方などから学び直し、派遣先で決して失礼がないように。また、現地の自治体名や地名の読み方など基本的な情報もきちんと頭に入れておくように。さらに、この頃からは草刈り機

（刈払い機）を使った除草依頼が増えてきたので、その取り扱いも習得するように――。そういう項目をワンセットにした一日研修でした。

また放射線研修については、原子力部門以外の社員の大半は放射線の知識が十分にあるとは言えませんでしたから、現地に行く前に最低限の勉強が必要だということも、遅ればせながら明らかになったのでしょう。多摩支店ではこれらの研修の事務局も私が担当。六〇〇人以上いた対象社員全員が研修を受け終わるのに二週間ほどかかったかと思います。

ちなみに、草刈り機は扱いを間違えるとかなり危険ですから、この研修での座学に加え、実際に現地に赴く前日にJヴィレッジで半日の実技講習をやり、修了証も発行することになっていました。後に自分もこの講習を受け、草刈り機を操って除草に汗を流す仕事に就くことになるとは、このときは予想もしていませんでした。

「福島勤務の経験」は評価されないのか

多摩支店からの社員派遣は比較的小規模だったとはいえ、それでも月五〇～六〇名の派遣事務をすべて私一人で担当し、途中からはこの研修の事務局の仕事が加わったこともあって、私はまったく休みがとれない状態でした。リスク管理の意味でも副担当を置いてほしいと上司に頼みましたが、聞き入れてもらえずじまい。結局のところ支店において福島に関する業務は「余計な仕事」であり、一人でいいだろう、という考えだったのではないでしょうか。

もうひとつ、不思議なことがありました。多摩支店に在籍した一年八カ月中、そういうわけで私個人の仕事は福島一色だったのですが、その間、福島のことについて興味を持って私に質問してきた社員はほとんどいなかったのです。

私だけ一人ぽつんと席が離れていたわけではなく、労務人事グループのすぐ隣にいてそれなりに仲良くやっていたつもりですし、私が直前の一年間、郡山にいたこともみな知っていたはず。それでも、現地での仕事や生活はどうだったかなど、周りから聞かれることはほとんどなかったし、私から福島の話を振ってみても会話が続いたり盛り上がったりすることはありませんでした。

当時、原子力部門以外の社員が福島に異動するといったら、ほとんどが賠償関係の仕事です。自ら進んで行きたいという人などまずいません。戻ってきた人に根掘り葉掘り質問などしたら、あの人は福島に行きたいのだと勘違いされてしまう、とみな警戒していたのじゃないかと思います。

もっとも、会社全体としては「福島を忘れない」という名目で風化防止の取り組みが行われており、支店単位で半年から一年に一度、社員向けの福島県産品販売会や講演会などのイベントが開催されていました。その一環で、私も郡山勤務の経験を発表したことはあります。でも、それ以外にほとんど話す機会はなく、経験として評価される気配もない。なんとなくもやもやした気持ちを抱えていたのです。

ただ、福島赴任から戻ってそのような「もやもや」を感じていたのは、どうやら私だけではなかったようです。自分は会社のために福島へ行って懸命に仕事をしてきたのに、元の職場に戻ったらだれも福島のことに関心を示さないし、自分がそこでどんな働きをしたか知ろうともしてくれない。それでやる気をなくしてしまう社員も多いことを、後から私は直接間接に知ることになりました。

実際、本来の電気事業よりも被災地現場での業務の方が、ミッションが直接的にわかりやすいという意味で働きがいを感じていた社員は少なくありませんでした。とくに事故後早い段階で派遣された人たちにはある意味「英雄」意識があったはずで、戻ってきたらそれなりの待遇が待っていると期待したのも無理はないと思います。

でも現実は違いました。会社は「福島の復興は一丁目一番地」と言いながら、その福島の最前線での勤務経験が復帰後の昇進などに反映されたとは言い難く、後に一定年齢以上の社員の退職勧奨が行われたときも、福島派遣組に配慮があったようには見えませんでした。

そんな割り切れない思いを抱えながらの多摩支店での勤務も一年半が過ぎ、定期異動が発表される六月末が来ました。通常の異動サイクルは三年ですが、私は部付けという立場でしたし、支店の組織見直しが行われる予定だったこともあって、自分はそろそろまた動くのかなと予期はしていました。

ところが、辞令発令の前日、上司が私のところにやってきて、「間下さんの異動先がまだ決まらない」と言うのです。その言い方ではつまり、私の引き取り手がないということではありませんか。私はどこからも必要とされない人材なのかと感じ、再び落ち込んでしまいました。

翌日、暗い気分で出社すると、受け取った異動辞令にはちゃんと行き先が書いてありました。本店の経営企画本部事務局、組織開発グループ。それを見て私は「どこ、それ？」と思いました。なんだか名前はカッコイイけれど一体何をするのだろう？　たしかイチエフ事故後に誕生した新しい部署のはずだけど、うちの会社で組織開発って？　と疑問符だらけのまま、新任地に向かったのです。

廣瀬社長の対話会事務局で感じたこと

二〇一四年七月、私が着任した組織開発グループは、メンバー四人の小さなチームでした。

グループの担当業務の一つは、以前から定期的に実施していた社員の意識調査です。社内のヒューマンファクターグループ（ヒューマンエラーを研究する組織）という部署と一緒に、今般の状況に合わせたアンケート設問づくりから、実施・回収・分析を行う仕事でした。

もう一つが、当時の廣瀬直己社長（社長就任は二〇一二年六月）が営業店などに出向いて行う「社員とのダイアローグ（対話会）」です。こちらは例によって私がほぼ一人事務局となり、別部署で関係業務を担当していた人からの指導を受けて連携しつつ、行き先の調整から当日の司会まで担当しました。

この対話会は廣瀬社長の就任後、定期的に行われていたもので、私が担当した一年間でも都内、長野、福島、新潟など数カ所で実施したと記憶します。目的は当然、社員の激励とモチベーションアップですが、参加はあくまでも社員の手挙げ方式。しかも業務時間外の扱いでしたが、それでも各回一〇〇人くらいが集まり、社長を囲んで熱心なやりとりが行われました。最初の三〇～四〇分が廣瀬社長の講話、残りが質疑応答タイムという構成で、全部で二時間ほど。やはりそのほとんどが福島に関する話でした。

イチエフ事故の後、それまで「要塞化」していた原子力部門に対し、それ以外の部門の社員の多くが「おまえらのせいで」という恨みや、「安全だと聞かされていたのに」という不信感を募らせていたことは前にも書いたとおりです。対話会でもそうした気持ちを率直に吐露する社員はいました。でも、この場で社長を問い詰めるようなことを言う人は一人もいなかったのです。断っておきますが、サクラの類いは一切なし。事務局だった私が言うのですから間違いありません。

もちろん、ざっくばらんな問い、例えば「大勢の前で頭を下げて謝罪するときはどういう心境なのか」などの質問はありました。それに対して廣瀬さんは、「真摯に気持ちを伝えることを大事にしている」といった答え方で、会社としての姿勢と自らの心中を重ねて表現していたと思います。

その他の質問に対しても、常に社員を励ますような言葉を選んでいましたし、「現場のみんながんばっているから自分もがんばれる」とも繰り返していました。また、「被災者の方に(故郷を)元に戻してくれと言われるのがいちばんつらい」という言葉も印象に残っています。

そんな対話会のやりとりを現地で聞き、最後に参加者一人ひとりに書いてもらう「社長への一言」を読んで、私は「社長は本当にみんなに愛されているんだな」と感じました。これはおそらく、廣瀬さんの人柄によるところも大きかったと思います。ふだん、現場の社員が社長と直接会う機会などまずなく、社長といえば文字通り雲の上の存在でした。でも事故翌年に就任した廣瀬さんはとてもきさくな人で、この対話会も自身の発案だったと聞いています。

廣瀬さんは基本的に原稿を見ず、自分の言葉で話す人でした。年末年始の挨拶などもそうですし、テレビカメラの前で質問攻めにされるときも、手元に原稿はなかったはずです。ですからこの対話会でも、事務局として一定のシナリオを作って事前説明はしましたが、当日用の読み上げ原稿などの準備はありませんでした。どの社員に対しても自分の言葉で丁寧に語る、という姿勢を見て、みな「この社長を盛り立てていこう」と感じたのではないでしょうか。

そして、そういうシーンを見ていた私は心からこう思ったのです。

「あんな事故を起こしてしまったけれど、ここはやっぱりいい会社なんだ。自分ももっとがんばらなければ」

（余談ですが、以前メンタープログラム導入で二度目の神奈川支店勤務だったとき、途中で廣瀬さんが神奈川支店長に就任したことから、私は廣瀬さんと面識がありました。そんな経緯もあって、当時お世話になった業務委託先の株式会社ロブのMさんいわく、「今回の間下さんの異動は廣瀬さんに引っ張られたんでしょう」。冷静に考えればそんなことはあり得ませんが、落ち込んでいた私が前向きになれるようなメッセージをいただいたことを覚えています）

そして全社のダイバーシティ推進担当に

こうしてやりがいを感じ始めていた仕事も、結局一年間で終わってしまいました。組織改編で組織開発グループ自体がなくなってしまったのです。グループで担当していた仕事は分散し、対話会の事務局業務は別の部署に吸収されました。

次の異動先は本店の組織・労務人事室（以前の労務人事部）の活力向上グループで、私はそこで担当課長として再び「ダイバーシティ推進」を担うことになりました。今度は一支店ではなく会社全体のダイバーシティを推進する仕事で、部下は三人。以前から同じ任務の担当者はいましたが、このときの組織改編で新しくポジションができた形だったため、まずはA４一枚にチームのミッションをまとめるところから始めました。

メインの項目は女性の活躍推進、育児休暇や介護休暇の取得奨励、介護休職制度の整備、障がい者雇用促進の四つ。さらに性的マイノリティ（ＬＧＢＴＱ）への配慮についても、当時の優先順位は低かったものの大事な分野という認識でした。

まず、「女性の活躍推進」というのは、すなわち女性のキャリア開発・管理職育成とほぼ同義でした。二〇一五年当時、東電の全管理職に占める女性の割合はわずか二パーセント台。これを全社的に引き上げるべく、育成方針を作成し、目標数値も掲げることになりました。

私はその際、きちんとした根拠に基づく実現可能性のある数字にすべきと考えました。しかし、その最初の数字は当時の経営陣から「甘い」と却下され、いきなり二倍に増やされたのです。新しい目標は二〇二〇年に六パーセント、二〇二五年に一〇パーセント。二倍でたったそれだけか、と思われるかもしれませんが、それでも当時としては正直、野心的すぎると感じていました。なぜなら、この時点で全社員三・三万人の男女比はおおよそ九対一。そもそも女性の絶対数が圧倒的に少なかったからです。

もっとも、女性が一割いるなら管理職比率も同等を目指すのは、理論的には正しかったのかもしれません。最初から高い目標をぶち上げることで、実績が引っ張られる面もあると思います。ただ、それを裏付けるような育成の仕組みがまったく無いところからのスタートだったので、私は懐疑的にならざるを得なかったのでした。実際、私が第一期として受けたあの「女性リーダー研修」は、その後二回ほどで終了してしまっていました。

一方、男性だけを対象にしたリーダー研修というのは存在しません。九割を占める男性については、異動を通じていろいろな業務を担当させながら、いわばＯＪＴで管理職候補としての資質を見抜き、それを磨いていくという「育成」が行われていたわけです。女性社員をそれと同じ土俵に乗せられるかどうか、まずはそこの意識変革が必要だと私は考えていたのですが、それに向けてともかく、まずは外部講師を呼んだ研修などを企画実施していきました。

実は、私は一年後に再び異動になってしまったため、その後に数字がどう変化したのか見届けることができなかったのですが、会社のホームページ掲載の情報によれば、女性管理職比率は目標だった二〇二〇年度の実績で五・五パーセント、その翌年は五・八パーセントに到達しているようです。

数字は別として、この「女性の活躍推進」そのものは、自分が女性管理職の一人として試行錯誤してきた経験もあるため、私にとってそれほど異次元のタスクとは感じていませんでした。それに比べて、障がい者雇用や性的マイノリティへの対応などはまったく初めての領域でしたから、自分でも学びながら慎重に丁寧に取り組んだつもりです。

障がい者雇用については、当時はまだ全社的に認識が浸透しているとはいえない印象を持ちました。ご存じの通り、企業には規模に応じて一定割合の障がい者雇用が義務付けられていますが、一社だけでは目標達成が難しいことも多いのが現実です。実際、東電には東電ハミングワーク株式会社という障がい者雇用を専門とする特例子会社があり、その社長を含めて東電からの出向者が運営にあたっていました。この会社が存在していたことで、逆に東電本体が障がい者雇用にきちんと向き合っていない面もあったのではないでしょうか。

また、東電はこの翌年の二〇一六年に四分社化が決まっており、当時はその準備段階でしたが、分かれた後は四社それぞれで障がい者雇用の目標を達成しなければなりません。そのことを上司である室長と一緒に各社長就任予定者に説明したとき、まだまだ理解が浸透していないのだなと感じたこともありました。

性的マイノリティについても、私としては初めて知ることがたくさんありました。三万人超を数える社員の中には、やはりＬＧＢＴＱの人が一定数いるらしいこと。オフィスには男女別トイレしかないため、性同一性障害の人がトイレのたびにわざわざ近くのコンビニに行っていたこと、等々。こうした悩みを抱える社員の存在に改めて気づかされました。

そこで私たちは外部講師を招いて啓蒙セミナーを開催するなどしたほか、具体策としては、多目的トイレの整備、アンケートなどの性別解答欄の変更、男女ペアを前提とした記念品の見直しなどの取り組みが始まったと記憶します。

ちなみに、東電はイチエフ事故後二年ほど新卒採用を中止し、その後も採用数を絞っていました。でも、事故後四年が経過した当時は、少しずつ採用広報活動を再開しようという時期だったのではないでしょうか。「社員にとって働きやすい企業です」ということをアピールするため、この頃既に厚労省から「くるみんマーク」(「子育てサポート企業」として認定された証し）も取得していました。

それでも、男性の育休取得はまだまだでしたし、女性ですら出産後に焦って職場復帰する人は少なくなかったので、十分な育休取得の奨励もチームのミッションのひとつでした。

腰を据えて取り組めるかと思いきや……

こうしたダイバーシティ推進の諸々の施策は、いずれも短期で結果を出すのは難しいことです。だから私は、今度は少なくとも三年は腰を据えてやらせてもらえるものと思っていました。ところが、一年後の六月末、またもや辞令発令の前夜に室長から呼ばれたのです。

「異動してもらいます。自宅から通えないところだけど」

具体的にどことは言われませんでしたが、すぐに福島行きだとわかりました。私はすでに一度福島勤務を経験したのに、どうしてまた私なのか。その場で尋ねましたが、室長は「この異動は間下さんのステップアップになるから」と繰り返すだけでした。

実はその数日前に、直属上司であるグループマネージャーから暗にほのめかされてはいたのです。いわく、「人事考課でB評価がついた人は福島に出されちゃうかもしれないよ」と。SでもAでもないBというのは事実上マイナス評価です。実は、私は直前の査定で（私が知る限り）初めてBをもらっていたのでした。要するに「仕事ができない人は福島に飛ばされる」というわけです。

でも私はこの一年間大きな失敗をしたわけでもなく、卓越した成果とはいかずともマイナスをもらうようなことはひとつもしていません（と自分では思っていました）。私はこのときの評価と異動にはどうしても納得がいかず、傷ついた気持ちをその後もずっと引きずることになりました。

後から振り返れば、二度目の福島赴任はたくさんの人に「ありがとう」と言ってもらえた三年間であり、またこの間多くの大切な出会いもありました。だからこそいまの私があるとも言えるのですが、そう思えるようになったのはもっと時間が経ってからのことです。

そもそも、同じ人が二回福島へ異動するケースは稀でした。なかには、先述したような特別な「やりがい」を感じて再勤務を希望する人も少数ながらいましたが、その人たちが優先されたわけではありません。なぜ希望してもいない私が二回も行くのか。福島赴任を断固として拒否したかったわけではありませんけれど、私でなければならない理由、自分の果たすべき役割がいまひとつ明確でないと感じたのです。

ただ率直に言って、課長かつ女性という数少ないポジションにいたことは理由の一つだったのではないかと思います。課長というのは管理職でありつつ自分の担当業務も持つ、いわばプレイングマネージャー的な立ち位置。早い話が便利な存在なのだろうと、私は周囲を見て感じていました。そこに例えば、賠償業務の窓口となる女性社員のメンタルケアには相談しやすい女性の上長が必要だとか、現場での住民とのやり取りはアタリが柔らかい女性の方がいい、といった思惑が働くと、いきおい御鉢が回ってくる構図だったのではないでしょうか（実際、福島着任後に上司に直接聞いたら「地域対応の仕事だからやはり女性が必要だと思った」と言われ、それで私のやる気スイッチが押されたのは確かです）。

それはともかく、室長から呼ばれた翌日、私は正式に辞令を受領しました。異動先は福島復興推進室の浪江町グループ。勤務地は福島市とありました。前回の派遣は賠償関係の仕事ということもあり一年で終了しましたが、今回は復興支援です。任期は明示されなかったものの、おそらく三年間は帰れないだろうと予想でき（実際そのとおりになりました）、あまり明るい気持ちにはなれませんでした。

そんなふうに鬱々とした気分のまま、二〇一六年七月、私の二度目の福島での勤務がスタートしました。

第三章　二度目の福島赴任で私が得たもの

ここまでやるのか、ここまで言われるか。辛さとやりがいが同居した福島での三年間と、帰任後ついに東電を去る日までの三年間。

全町避難中の浪江町の担当グループに着任

イチエフの事故により、一度でも避難指示が出された福島県内の自治体は一二市町村ありま す（田村市、南相馬市、川俣町、広野町、楢葉町、富岡町、川内村、大熊町、双葉町、浪江町、葛尾村、飯舘村）。東電にはそうした地域の復興を支援する復興推進室が設けられ、一二市町村ごとの担当グループが編成されていました。

それ以外にも、周辺地域（新地町や相馬市など）を担当する「広域グループ」、帰還困難区域（放射線量が高く立ち入りが制限されている区域）の住民の一時立ち入りを支援するグループなどがあり、それらが福島市・郡山市・いわき市の三カ所に分かれて駐在していました。

私が配属されたのは、一二市町村のひとつ浪江町の担当グループです。当時のメンバーは一七人ほど。二〇一六年七月のタイミングで私を含めて六人ほどが新しく着任し、前任者と入れ替えとなりました。市町村の規模に応じて担当グループのサイズも異なり、少ないところは数人でしたから、浪江町グループはかなり大きい方だったと言えます。

そして案の定、グループに女性は私一人だけでした。他のグループを見渡しても、女性社員は地域対応業務を主とする「広域グループ」に数人、あとは南相馬市グループに一人いるだけだったと記憶しています。

後で説明しますが、一二市町村の担当グループには家屋の片付けや除草など現場作業を担うチームがあり、これがかなりの肉体労働なのです。当初の話では、私はそうした現場作業がメインではなく、役場や住民との窓口となる「地域対応チーム」の主担当ということでしたが、実際には力仕事にも予想以上の頻度で駆り出されることになりました。作業着姿で草刈り機を何時間も操作したり、荒れてしまったお宅から家財を運び出したりした女性社員は、一～二回手伝ったくらいの人を除けば、他にはまずいなかったと思います。

さて、私が担当することになった浪江町は、イチエフが立地する双葉町の北側にある自治体です。当時はまだ全域が避難区域で、震災前の人口約二万一〇〇〇人が全国に分散避難している状況でした。私の着任から半年後の二〇一七年三月末に町の一部が六年ぶりに避難指示解除となり、住民の帰還が始まるのですが、その意味では私が担当した三年間は浪江町にとっても大きなターニングポイントの時期だったと言えます。

一般には「原発事故による避難を経験した一二市町村」と一括りにされがちですが、実際はイチエフ・ニエフが立地している四町（双葉・大熊・富岡・楢葉）とその他の自治体では様々な事情が違います。私も当時は詳しく知りませんでしたが、浪江町は立地町ではないにもかかわらず拡散した放射性物質の影響が大きく、社内の人たちからそれとなく「対応が難しい」とは聞かされていました。

実際に着任するとなって、前任者をはじめ賠償業務の担当者などから町の歴史や事故後の経緯を詳しく聞くと、やっぱりここは大変なところだ、自分が町民なら怒って当たり前だな、と感じたのを覚えています。そんな浪江町の地域対応チームを任されたのですから、いったい何を言われるだろうと、私は内心ひやひやしながら任地へ赴いたのでした。

これでは住民が怒るのも無理はない

当時、町役場の大部分はまだ避難先の二本松市内の仮庁舎で執務しており、社協、商工会など主な団体の事務所や町民が暮らす仮設住宅も、二本松市・福島市・本宮市等（主に中通り地方）が中心でした。着任後の挨拶回りで最初に訪問したのはそうした場所でしたが、もちろん浪江町にも早い段階で視察に行きました。事務所のある福島市内から浪江町までは阿武隈山地を越えて約七〇キロ、車で一時間半ほどの距離です。

イチエフ事故から五年余りのこの時点では、まだ浪江町全体が避難区域。中心市街地など一部では日中の立ち入りは自由になっており、災害復旧や除染は進んでいましたが、まだ人が住むことはできない状態でした。

私にとって避難区域に足を踏み入れるのはこれが初めての経験で、そのときの印象はいまでも忘れません。まず街中に人の姿がまったく見えない。ところどころに残る荒れ放題の家屋。立ち入り禁止を示すものものしいバリケード。わが物顔で道路を横切る小動物の姿。陽が落ちた後は灯りひとつなく真っ暗で、割れたままの家の窓が車のライトに照らし出され、不適切な言葉かもしれませんが「異様」の二文字が頭に浮かびました。暗いなか浪江から福島市へ戻る国道一一四号を走っているとき、遠くに光る動物の目に驚いたのも一度や二度ではありません。

これでは町民が怒るのは無理もないことだ。いったいなんといってお詫びしたらいいのか。この状態をこれからどうすればいいのか――。ハンドルを握りながら何度も呆然としたのを覚えています。

また、浪江町民向けの応急仮設住宅がこの段階でまだ二〇カ所以上あることを知り、その数の多さに驚くとともにあらためて事の重大さが身に沁みました。実際に仮設住宅を訪問してみると、部屋の狭さや短期間の使用しか前提としていない造りは明らかで、ここに五年間もお住まいとは、きっと心身ともにかなりお疲れだろうと心配になりました。

そんななかでスタートした地域対応チームの主な仕事は、まず原則として月一回、役場をはじめ町内のキーパーソンのところへイチエフ廃炉の状況説明に行き、あわせて意見や要望をヒアリングすることでした。毎月更新される「廃炉に向けたロードマップ」という東電の情報公開資料をもとに進捗を説明し、不安払拭に努めることが大きな役割のひとつだったのです。

私自身はもちろん廃炉に関して専門家ではありません。ロードマップが更新されるたび、原子力部門の「リスクコミュニケーター」という人から現場の社員向けにブリーフィングがあるので、その内容を頭に叩き込んでから説明に臨みました。

それに対して役場や町民の方々から技術的専門的な質問が出ることはまずありませんでしたが、廃炉のスケジュールが遅れたり計画通りにいかなかったりしたときに追加説明を求められることはありました。答えられない場合は当然、持ち帰って調べ、数日中に再訪して説明。知ったふりはできませんから、私なりに真摯な対応を心掛けたつもりです。

この定期説明は、役場や商工会、青年会議所などのほか、行政区長会の会長Sさん宅をはじめとする仮設住宅数カ所でも実施していました。事故直後はもっと多くの仮設住宅を巡回していたのが、この頃までには退去が進むなどして事情が変わっていたようです。

そうやって町民の方々を訪問してお話しするときは、廃炉の説明は実質半分くらいで、あとはだいたい世間話になります。そうした何気ないやり取りの中から情報収集するのも、私たちの大事な仕事のうちでした。

こうした住民対応を担うにあたり、赴任前はどんなことを言われるのか不安だったと書きましたが、実際にやってみるとたまに厳しい質問や意見をいただく程度で、強く叱責されたり、もめごとになったりすることは（私が担当した三年間では）まったくありませんでした。すでに事故からかなり時間が経っていたのも一因かもしれません。

ただ、頻繁に言われたのは「おたくの会社は信用できない」ということ。それに対してはもう、「申し訳ありません」というほかに言葉が出ませんでした。だってそのとおりなのですから。絶対安全ですと言っていたのが嘘だったのです。自分が相手の立場ならきっと同じように感じると思ったし、はっきりとそう伝えることもありました。

もしも私がイチエフ内部を知っている原子力部門の人間だったら、「こういう対策をしていたが、こういう原因でこうなった」など、もう少し理詰めの返答をしたのかもしれません（それを相手が求めていたかどうかは別として）。でも、そういう話ができない私としては、常に相手の立場に立って行動し、失った信頼を少しずつ取り戻していくしかないと考えていました。

といっても、何がどうなったら会社の信頼が回復できたと言えるのでしょう。燃料デブリの取り出しに成功し、廃炉が完了したら初めて信頼してもらえるのでしょうか。それはだれにも分からないし、自分一人ではどうしようもないことです。だから個人としては日常レベルで、どんな些細なことでも誠意をもって対応し、やるべきことをやる。それしかないと思っていたのです。

町内の祭りで東電ブース出展の快挙

地域対応チームのもうひとつの仕事の柱は、町側の要望に応じてお祭りなどのイベントの手伝いをすることでした。仮設住宅単位の催しあり、町を挙げての行事あり。なかでも秋の十日市祭は一大イベントで、十数人単位で応援スタッフの派遣要請をもらいます。それを浪江町グループの中で割り振り、足りなければ他のグループにも応援を頼み、要望にマッチするよう調整してシフトを組むのも私の仕事でした。

どんなイベントも、お手伝いの内容はたいてい、テント設営、机・椅子配置などの事前準備から始まり、開催中はゴミの回収や会場整理、アンケート配布回収、そして終了後の片付けといった具合。現場の状況によってはうまくシフトが組めず、自分が七時間くらい立ち通しで駐車場の誘導に当たったった思い出もあります。

ちなみに、その十日市祭は浪江町の秋の風物詩で、震災前は近隣からも大勢の人が訪れてにぎわったそうです。震災後も役場避難先の二本松市内で開催が続けられていましたが、帰還開始後の二〇一七年からは町内に復帰。完成したばかりのスポーツセンターを会場に、規模も拡大して行われるようになりました。

私は二〇一六年から三回、そんな過渡期の十日市祭に携わりましたが、担当最後となった二〇一八年に、初めて東京電力のブースを出展させてもらうことができたのです。内容は「廃炉に向けたロードマップ」の資料展示や富岡町にできた廃炉資料館の紹介といった簡素なものですが、廃炉の進捗だけでなく放射線の話なども対応できるようにスタッフはそろえました。

私は、このブース出展は画期的だったと思っています。実は、最初に出展の話が出たとき私はすぐ「ぜひやりたい」と思ったのですが、当時のマネージャーはかなり慎重な考え方の人でした。少し前まで「福島に行ったら会社の名前は出すな」と言われていたくらいですから、腰が引けたのは仕方なかったのかもしれません。

でも、すでに町との対応を二年以上やってきた私に言わせれば、クレーマーが来たら困るから出展しない、なんてあり得ないこと。「これをぜひ、地域の人たちとの新しいコミュニケーションの道を開拓する機会としましょう」と説得し、さらに彼の上司であるエリア部長に話を通してほしいと懇願して実現したのでした。

そして迎えた当日。もちろん呼び込みなど一切しなかったにもかかわらず、私たちの東電ブースには数十人のお客さまが立ち寄って質問などしてくださり、そのなかにクレーマーのような方は一人もいませんでした。

この十日市祭の手伝いは、そういうわけで浪江町グループ総出でしたが、そのメンバーは元来いろいろな部署からの寄せ集めです。しかも、私を含めて自ら手を挙げてきたわけではない人ばかり。実を言うと、普段は決してチームワーク抜群というわけでもなかったのです。それが、こういうイベント手伝いのときは不思議と「ワンチーム」となり、リーダー格の指示にきちんと従って、ケガも事故もなく任務にあたっていました。もちろん絶対に失敗はできないという緊張感もあったと思いますが、それだけでなく、やはりみんな浪江町の役に立ちたいという思いに動かされていたのではないでしょうか。

そんな私たちにとっても一大イベントだった十日市祭が無事終了した後、当時の主催者側の浪江町商工会長Hさんから直筆の御礼の手紙をもらったことがあります。そのなかには、「お宅の会社にはいろいろ思いがあるけど社員さんは好きです」という旨の言葉がありました。いくぶん複雑な気持ちではありましたが、努力は認めていただけたと感じ、とても嬉しかったのを覚えています。

イベントの手伝いは、十日市祭のほかにも花火大会、桜まつり、相馬野馬追、元旦の「あるけあるけ初日詣大会」など、たくさんやりました。帰還開始後は町内での行事も増えていきましたし、一方で避難先の仮設住宅で夏祭りなどの催しがあると呼ばれることも。また、「東電さんも一緒にがんばろう」と言って、努めて私たちが参加する機会をつくってくれる仮設住宅の自治会長Kさんもいらっしゃいましたし、他にもご縁をいただいた方々の名前を挙げればばきりがないほどです。

こうしたお祭り系以外の手伝いもあって、たとえば避難先で実施する町民の集団健診では、会場での整理券配布や誘導などに従事しました。

このほかにも、私たち「地域対応チーム」は町からの相談ごと全般の対応窓口となっていましたが、二〇一七年四月に住民帰還が始まってからは相談や依頼が一挙に増え、内容も多様化していきました。それで、その内容を整理して町と東電と一緒に何ができるか話し合う、隔月程度の定例会議を設けることになりました。

話し合うテーマは、東電が対応する除草・片付けの範囲拡大、イノシシ対策の電気柵設置、帰還困難区域の家屋片付け、放置されたままの小中学校の片付けやグラウンドの除草、下水の薬剤散布など二〇項目ほど。町からは副町長、東電からはエリア部長がトップとして参加し、私が窓口を担当しましたが、これは思い返すととても充実感のある仕事でした。東電としてできること・できないことをフラットに話し合えたからだけでなく、住民が戻ってきて町に活気がよみがえってくるのを直に感じられたからです。

その頃は町内に飲食店も増えてきたので、会議の後に懇親会をやってみんなでカラオケを歌ったりしたことも、いまでは懐かしく思い出されます。

忘れられない現場作業の思い出

以上が「地域対応チーム」の業務内容です。着任時、私はそのメイン担当だと聞かされていましたが、それは「専任」という意味ではなかったのです。

前述のとおり、浪江町グループにはもうひとつ、「現場作業チーム」という、力仕事の部隊がありました。人数は一対二くらいで現場作業の方が多かったのですが、それでも手が足りないときは手伝いに出ます。要望が増えるにつれ頻度も増していき、時期によっては私もかなりの回数出動することになりました。

具体的な作業内容は、町の希望に応じて除草や家屋の片付け・清掃などが主でしたが、私がいまでも忘れられないのは、初めて担当したお骨の放射線サーベイの仕事です。

浪江町民は、みなさん故郷にお墓を残して遠方へ長期避難を余儀なくされた状態でしたから、中には帰還を諦めて避難先にお墓を移す方もいらっしゃいました。その際、お骨をそのまま町外へ持ち出すことはできず、放射線量測定（サーベイ）をする必要があったのです。その一連の作業――墓石の移動、お骨の取り出し、サーベイ――を私たち東電社員が担当していたのでした。

正しい手順としては、町民の方から依頼があると、バール、シャベルほか工具、手袋、ビニール袋などの道具セットを携えて、二人一組で現場に向かいます。着いたらまず墓石を動かし、中からお骨を取り出し、それを同行している放射線管理グループの社員に測定してもらい、依頼者にお渡ししたら墓石をもとに戻して終了、となります。

その依頼の電話をたまたま私が受けたのは、着任から三カ月後くらいだったでしょうか。ちょうど現場作業チームはみな忙しく、急な依頼だったためか都合が合わなかったのでしょう、チームは違うが電話を受けた間下さんが行ってください、ということになりました。そこで、当時まだよく事情がわかっていなかった私は、「はい、わかりました」と軽い気持ちで、なんと道具セットも何も持たず一人で現場に行ってしまったのです。

現地に着くと、待ち合わせた放射線管理グループの男性二人から、一人で墓石が動かせるのか、道具なしでどうやってお骨を集めるのか、などと怪訝な顔で聞かれ、初めて慌てました。私はまさか自分で墓石を動かすなどと、このときは思ってもいなかったのです。彼らも女一人手ぶらで来たのを見てきっと驚いたでしょう。

その日は、彼らの車にたまたま似たような道具一式が積んであったこと、彼らがルールを曲げて墓石移動も手伝ってくれたこと（本来は放射線管理グループがやるのはサーベイのみで、墓石移動には手を出さないことになっていた）で、結果的にはなんとか事なきを得ました。

もちろん、現場に行く前にきちんと具体的な手順を確認しなかった私がいけないのは確かです。自分から聞かなければ何も教えてもらえない、ここはそういう厳しい職場なのだなと悟りました。

それにしても、生まれて初めて動かした墓石の重さは忘れられません。もちろん他人のお骨を触るのも初めてです。自分の会社が起こした事故が原因とはいえ、私たち社員がここまでやらなければならないのかと、正直にいって驚きを禁じ得ませんでした。

もっとも、このお骨のサーベイはそれほど頻繁に依頼があったわけではなく、私自身が担当したのは、この初回を含めて三年間で数回だったと思います。でも、そうやってお骨を扱うたび、私は「見ず知らずの人に触られて、仏さまはお嫌ではないのだろうか」と思っていました。依頼者である親族の方には、墓石を動かした後に念のため、お骨を（ご自身で出すのではなく）私どもでお出ししてよろしいでしょうか、と伺うのですが、たいていは「お願いします」と言われます。土に近いところですから放射線量を心配されたのかもしれません。

古いお墓だとお骨は骨壺に入っておらず、そのまま土に撒いてあります。それを、見ず知らずの他人がシャベルでガリガリと集めるのです。古いお骨はかなり細かく砕けていて、すべてを集めるのが難しいときもあるのですが、それでもできるだけ拾ってビニール袋に納めるのです。私は、本当に仏さまに申し訳ないと思いながら手を動かしていました。

その一方で、自分はここで何を一体やっているのだろうという気持ちも拭えませんでしたが。

除草・除草・除草

現場作業チームの手伝いで最も多かったのは、除草です。コンクリートで固められた都会と違い、土のある場所では春先から秋まで、何もしなければ雑草が山のように茂ってしまうのです。除草範囲は墓地や住宅の進入路（道路から門まで）が基本で、広い場所なら草刈り機（刈払い機）、狭いところは手で作業します。

この草刈り機の取り扱いは間違えると危険ですから、事前に座学と実技の講習を受けます。その中で刃の交換も習ったのですが、私はこれがなかなかうまくいきませんでした。腕力が足りず、男性の力できつく締めてあるネジが緩められないのです。このときも女性は私一人でしたので、周りの男性が「はいはい、しょうがないねえ女の人は」と冗談半分に言いながら手伝ってくれたのを覚えています。

そうやって操作を習得した草刈り機を使って、長いときは一日五時間くらい、しかも連日で作業することもありました。本来は振動障害を予防する目的で、一回の連続作業時間や一日の作業時間の上限が決められています。でも、天気のいい日に効率よく終わらせるため休憩なしの連続作業もめずらしくなく、防振手袋を着用していても次第にだんだん手がおかしくなりました。朝起きると指がこわばるのです。私だけでなく現場作業チームの人たちはみな同じことを言っていたので、やはりある種の振動障害だったのでしょう。

この除草作業でも、覚えているエピソードがあります。

ある年の夏、墓地の除草を依頼されました。そのお宅の先祖代々の立派なお墓で、四隅に灯篭が建っていました。私はその灯篭に気をつけながら、地面にしゃがんで手でむしったり手鎌で刈ったりしていったのですが、全部きれいになって、ああ終わったと上体を起こしたとたん、油断したのか、灯篭の角に思い切り額の隅をぶつけてしまったのです。

目から星が出るほど痛くて、一瞬何が起きたかわからないくらい。それでも平静を装って片付けをし、道具を入れる倉庫まで戻り、そこで一息ついて被っていた帽子を脱いだら、内側に赤いシミができていました。自分の不注意によるケガでしたが、このときも仏さまから余計なことをするな、と言われたような気がしました。

当時はまた、家屋の片付けの依頼も増えており、これも何回も手伝いにいきました。基本的には浪江町に戻って再び元の場所に住む準備をする方々のお宅です。ただ、長期間住んでいないため、イノシシやネズミなどの獣害も含めてひどい状態のお宅も少なくなく、基本的に家財はすべて処分するケースがほとんどでした。五年以上開けていない冷蔵庫のなかの腐ったものを処分するのはしんどかったですし、外へ出そうとしたタンスがなぜか部屋の入口から出ず、ノコギリで切断して運び出したこともありました（実際にノコギリを引いたのは熟練した男性社員でしたが）。

このように片付けの現場も基本的には男性向きの力仕事なのですが、ときには女性をよこして、と指定されることもありました。片付ける部屋によっては女性の下着類などもあるからです。そうしたものは半透明の袋に一度入れてから廃棄用のビニール袋に入れるなどの配慮をしていました。

気持ち的につらかったのは写真の扱いです。もちろん一枚ずつ依頼主の方に処分を確認するのですが、「ぜんぶ捨てて」と言われたときは心が痛みました。

こうして再び住むために片付けるお宅がある一方で、傷みがひどいなどの理由で解体するお宅もたくさんありました。解体家屋は片付け不要であり、原則として私たちのお手伝い対象ではなかったのですが、なかには思い出の品など大事なものを取り出したいから一緒に探してほしい、という依頼を受けることはありました。あるいは、壊すのだけれども最後にちゃんと家の中をきれいにしておきたい、という方もいました。それだけ家に愛着をお持ちだったのでしょう。

このような作業を東電の社員に手伝わせるのは、お前たちのせいで、という嫌がらせではなく、思い出の詰まったご自宅の最後の姿を、家族だけで見に行くのがあまりにつらすぎたからではないかと思っています（ただし、異臭を放つ冷蔵庫の中身の廃棄をお手伝いしたとき、「これは梅干しだから食べられるかも」と差し出されたことはありました）。

なぜそんなことまで言われなきゃいけないの

こうした現場でいつも唯一の女性だった私に対して、作業配分に多少の配慮はあったかもしれません。家屋の片付けではさすがに一人で冷蔵庫を持ち上げることはできなかったし、急斜面の除草や放射線量の高い帰還困難区域の除草も担当することはありませんでした。

ただ、それ以外は作業時間も含めてすべて男性と一緒にがんばりました。もちろん、それで褒めてほしかったわけではありませんが、男性と同じようにできなければ「遅い」「へたくそ」と公然と言われることが多々あったのは事実です。

刃の交換でも苦戦した草刈り機ですが、いちど現場で燃料の補充にモタついてしまったことがあります。すると年下の男性社員から、「そんなこともできないなら会社辞めたほうがいいんじゃないですか」と面と向かって言われたことはいまでも忘れません。それは若い人なりの親近感を表すコミュニケーションだったと解釈するにしても、仕事中にそんなセリフを口にするなど、電気事業に戻ったら絶対にできないし、やらないはずなのです。それを、福島に赴任している間はやっていいという、なにかおかしな雰囲気になっていたように思います。

対する私はというと、「そんなことというなら一緒に辞めるか？」とか「悪かったね、バカだからわからないんだよ」などと、負けずにやり返しました。メソメソなんかしたくなかったからです。振り返れば涙のひとつも見せておけばよかったのかと思いますが、それがどうしてもできない性格でした。

だからといって私の心中にモヤモヤがなかったわけではありません。そんな日々を過ごしながら、それこそ「こんな会社、辞めてやる」と何度思ったことか。異動辞令をもらったとき、これは間下さんのステップアップになる、と言われましたが、これがいったいどんなキャリアにつながるというのでしょう。

浪江町の人たちからひどいことを言われたことは一回もないのに、社内の人間関係の難しさや男女差については本当に考えさせられた三年間でした。でも、このとき鍛えられた精神力こそ、今の私の「たくましさ」の源になっているのかもしれないとは思います。

私が毎日銭湯に通っていたわけ

福島赴任中、実は仕事場だけでなく社宅でも同じような苦労がありました。

前述のとおり、私の赴任期間中、浪江町グループの事務所はまだ福島市内にあり、私の住まいもその近くにありました。近くといっても通勤時間は歩いて四〇分あまり。前回の郡山赴任のときと同じく、原則として私は徒歩通勤していたのです。もちろんバス便もありましたが、またもやバスに乗らない理由があったのでした。

そのアパートは会社から紹介された物件でした。福島市内のかなり広範囲に三〇件くらい候補があったと思います。社宅手配を担当するHIさんには、今回は多少遠くてもウィークリーマンションではない部屋がいいとか、あまり寂しすぎないエリアがいいなど、ある程度要望を伝えることができました。最終的に決めたのは、福島駅から東に約三キロのところにある2LDKです。

着任の一週間くらい前に掃除を兼ねて下見に行くと、室内には冷蔵庫、洗濯機、エアコンは設置済み。ベッドとマットレスは会社が用意してくれるということでした。床や壁が少し薄くて音が漏れそうなのが若干気にはなりましたが、十分な収納もベランダもあってなかなかいい感じの部屋だったので、ここなら良いと安心していったん帰京。着任前日の六月三〇日の夜、着替えやタオル、洗面道具など最低限の荷物を自分の車に積み込んで「引っ越し」をしたのです。そこからが大変でした。

さっそく持参したスリッパを取り出し、室内をパタパタと何歩か歩くと、階下からいきなりドスンと壁を叩く大きな音がするではありませんか。最初は間違って何かモノをぶつけたのかとも思いましたが、どうやらそうではなく、「うるさいぞ」という嫌がらせの音だったのです。その晩から私は三年間、その嫌がらせと付き合うことになりました。

足音だけではありません。夜中、ベッドのきしむ音に対しても頻繁にドスンとやられるため、せっかく用意してもらったベッドは使わず、和室に布団へ変更しました。お風呂に入れば直下の壁をドスンドスン。脱衣場の横にある玄関ドアを金属のようなもので激しく叩かれ、飛び上がったこともあります。まもなく自宅で風呂は諦め、毎日会社の帰りに銭湯に寄る生活になりました。

もちろん会社には入居後すぐ連絡し、階下住人本人へのヒアリングを含めて対応を依頼しました。でも、本人は「自分は何もしてない、気のせいじゃないか」の一点張りだったそうで、社宅担当のＨＩさんも証拠がない限りどうしようもなかったのでしょう。何も解決しませんでした。

かといって私は、自分で本人と対決する勇気はさすがにありませんでした。正常な精神状態の人ではないと確信していたからです。実はその人も同じ福島市内の別事務所に勤務する東電社員で、名前も部署も分かっていたのです。でも仕事場ではごく普通にしていたらしく、このことを職場で周囲に相談しても「対応は難しい」と言われ、諦めるしかありませんでした。

私が毎日バスに乗らず、徒歩で通勤していたのは、始業時間にちょうどいいバスが朝一本しかなく、その人と乗り合わせるのが嫌だったからでした。

そもそも、どうして早々に引っ越さず三年も我慢してしまったのかといえば、その理由は着任前、まもなく浪江町の住民帰還が始まったら、私たち浪江町グループも町内に移るかもしれない、と聞いていたから。短期間に二回も引っ越すのは面倒だと思ってしまったわけです。でも、結果的に浪江町グループが町内に移動したのは私が離任した後の二〇一九年夏のこと。いま思えば我慢せずに早く引っ越せばよかったのでした。

大勢いる社員のなかには、たまにこういう頭のおかしな人がいるのも仕方ないかもしれませんが、振り返ればよく自分の頭の方が変にならなかったものだと思います。

（ちなみに、私が離任してその部屋を引き払った直後、別の社員が入居したものの同じ被害に遭って数日で退去。さらにその後は、社員でない一般のご家族が入居したところ、やはり同じ嫌がらせを受けたため、今度はその階下の社員のほうが退去させられた、と聞きました）

辛さと楽しさが同居していた福島生活

そんなふうに仕事面でも生活面でもストレスの多い毎日でしたが、昔の職場ほど残業が多くなかったのは幸いでした。夕方は定時（午後五時二〇分）からさほど遅くない時間に終業でき、（先述の理由で家の風呂には入れなかったため）帰りに福島駅ビルの中にあった極楽湯というスーパー銭湯で汗を流しました。

でもやはり、いちばんのストレス解消は週末に東京へ帰ること。老親の様子が気にかかるのはもちろんですが、このときも土曜午前のテニススクールだけはどうしても続けたくて、毎週金曜の終業後、車で東京に向かいました。そうすると深夜には狛江の実家に到着するのですが、都合がつかないと土曜の朝三時頃福島を出て、仮眠をとりながら八時頃到着。その足でテニスへ行ったこともあります。

ただそれも最初の頃だけで、次第に毎週末の帰京は難しくなっていきました。浪江町の復興が進むにつれて週末開催のイベントが増え、また原則として平日に行うことになっていた除草や片付けも、件数が増えて週末の対応が多くなってきたからです。最も忙しかった時期は月二回帰れるかどうかというときもありましたが、それは現場作業の週末シフトにできる限り入るよう、私なりに努力したためです。

何度も言いますが、私のメインの職務は地域対応チーム。現場作業はあくまでサブとして手伝うという認識でしたが、現場作業のシフト作成担当者が、間下さんは頻繁に東京に帰るから週末シフトを組みづらい、と上司にこぼしていると耳にしたのです。陰でそんなふうに言われるくらいなら、と自らスケジュールを調整したのでした。

「本業」の地域対応チームのほうでも、だんだん浪江町内で休祝日に行われる行事が増えていきました。帰還後に復活した、元旦の日の出を拝む「あるけあるけ初日詣大会」もその一つです。

その手伝いをするには大晦日の夜から元日の昼まで福島にいなければなりません。そうなると私のスケジュールは、一二月二八日の仕事納めの翌朝に実家へ帰省。家の掃除や正月の準備をして、大晦日の昼にいったん福島へ戻り、その深夜から元日まで大会運営に協力。その午後に再び実家へ帰って正月三日まで過ごし、その夜に福島へ戻る、というハードなものになりました。その間、現場作業チームはずっとお休みだったのですけれど。

ただ、東京に帰るのがストレス解消といっても、せっかくですから少しは福島の生活も楽しみたい、という思いはもちろんありました。福島市は温泉も近いですし、夏は磐梯吾妻スカイラインという景色のいいルートを通って、観光地である裏磐梯に抜けることもできます。そこで、東京で土曜のテニスが終わったらその日のうちに福島へ戻り、日曜日は県内のドライブや日帰り温泉旅行に興じたこともありました。

また、仲のいい社員が福島転勤になって一緒にスキーに行ったり、東京の友人が県南の白河まで訪ねてきて一緒にゴルフしたりしたこともあります。安達太良山や磐梯山にも登りましたし、その他もろもろ楽しい思い出は尽きません。

そんな悲喜こもごもの福島生活もまもなく三年という頃、私は次の異動辞令を受け取りました。

気持ちを整理して帰京の途へ

今回の福島赴任はおそらく最低三年、と覚悟はしていましたが、二年目に入った頃から会社にはそれとなく「帰りたい」という意思を伝えていました。これまで書いてきたように仕事も住まいも少なからぬストレスのある状態でしたし、また実家の老親の心配も募ってきたからです。やっと次の異動辞令が出て東京に帰れるとわかったときは、率直に嬉しさがこみ上げてきました。

その半面、一抹の寂しさを感じる自分がいたのも真実です。この三年間、浪江町では公営住宅の入居が始まり、小中一貫校やこども園ができ、スーパーが開店し、いろいろな企業との連携が進み、いよいよ復興の姿が具体化してきていました。私は地域対応チームの責任者としてそれを間近で見てきたし、様々なイベントなどを通して町民の方々と築いた絆もあります。もう少しここに留まって、浪江の再生を見届けたい、そんな後ろ髪を引かれるような気持ちがありました。もちろん職場以外に福島で出会った友だちもいますから、彼らと気軽に会えなくなると思うと残念でした。

一方、濃密な時間を一緒に過ごしてきた職場の人間関係のほうには、正直なところ心残りは感じませんでした。催してくれた送別会の席上、「間下さんにはちょっと言い過ぎたかもしれません、甘えちゃってすいませんでした」など謝るメンバーもいましたが、私にしてみればもっと早く言ってほしかった、という気持ちです。

でも、辛い感情を根に持ったまま去るのはよくありません。厳しい言動は私のことを好きだから出たんだ、実はいい人たちだったんだ、などとすべて良い方向に考えるようにして気持ちを整理。最後は何事にも「感謝」の二文字を胸に刻んで、私は東京への帰路についたのでした。

ただ今回の異動先にも、やはり私はピンときていませんでした。原子力安全統括部の原子力保健安全センターグループ。辞令に書いてあったこの部署名を見て、従業員の被ばく線量管理の仕事だろうなとは思いました。でも、なぜ私がそこなのか。毎年度末の人物所見（これからどんな仕事をしたいかを書いて会社に提出するもの）ではずっと人材育成に関する仕事がしたいと書いてきたのに……。

このとき私は五四歳。役職定年・雇用切り替えの五七歳まであと三年。おそらく課長としては最後の職場です。もう他にいく場所がなくてそういうところにねじ込まれたのかしら。心の片隅にそんな卑屈な思いも抱えながら、二〇一九年七月一日、三年ぶりの東京本社に出勤しました。

ここがおそらく東電最後の私の職場

名称が示す通り、原子力保健安全センターグループは原子力部門の中にあります。私の部門ゼッケンが労務人事から原子力に変わったわけではなく、原子力部門の中に労務人事の席が設けられていたのです。第二章でも触れましたが、イチエフ事故以前、社員の健康管理の中で放射線に関するものだけは本社の労務人事部の管轄外にある状態でした。それが、事故後の緊急作業に従事した人の被ばく線量管理という仕事が新たに生まれたことで、原子力部門と本社の労務人事が協力する態勢になっていたのでした。

私は同グループに、部下三人を持つ担当課長として着任。プレイングマネージャーとして、イチエフ廃炉作業の協力企業（元請だけで四〇社くらい）の衛生担当者会議の事務局を担いました。この会議は事故の翌年から三カ月に一度、イチエフ内で開催されてきたものです。

具体的には、産業医科大学から先生を招いての講演、協力企業へのアンケート、福島の労働者健康安全機構との情報共有、イチエフの救急医療室からの事務連絡、等々。私の仕事は企画、資料整理から当日の進行、議事録作成まで。これまで山のようにやってきた類いの仕事ですから、特に大変さは感じませんでした。

この会議事務局のほかには、研究機関からの協力依頼の窓口業務もありました。イチエフ事故後の緊急作業期間（二〇一一年三月一四日から一二月一六日まで、緊急被ばく線量限度が一時的に二五〇ミリシーベルトに引き上げられていた）にイチエフ内で作業した人の数は、東電内外を含めて約一万九〇〇〇人にのぼり、この人たちを対象に日本放射線影響学会が疫学研究を行っています。つまり健康診断を受けてもらってデータを収集するのですが、それに協力してくれる人を増やすため、周知や紹介を行う仕事でした。

その期間にイチエフで働いた作業員の方々には、同学会だけでなく厚労省はじめいろいろな機関から健康観察の連絡がいきます。私はそれらの窓口業務に携わりながら、対象者の方々にはこんなに手間と負担がかかっていることを知り、あらためてあの事故は大変な状況をつくってしまったんだなと実感しました。

ちなみに、原発内で働く人はＡＰＤ（線量計）を持って作業し、放射線管理手帳で累積の被ばく線量を管理します。私は原発内で仕事したことはありませんが、浪江町グループのときは線量の高いところで除草などの作業に従事したので、やはり手帳を持っています。私が所属した原子力保健安全センターグループは、事故直後からそうやって作業員の線量データを集めてきた部署。一見地味な仕事ですが、実は重要な役割を果たしてきたのだと思います。

私は東電最後の三年間、ここで淡々と仕事に向き合いました。


ただ、想定外だったのは、着任後半年あまりで襲ってきた新型コロナウイルスのパンデミックです。二〇二〇年四月から全社員が原則として在宅勤務になり、同月に予定されていた衛生担当者会議はやむなく中止。次の七月の会議からはオンライン開催に変更しました。

コロナ禍前までは、三カ月に一度の同会議以外にも、産業医科大学の先生方などのイチエフ視察同行や、協力企業の廃炉作業員向けインフルエンザ予防接種など、私がイチエフを訪れる機会はよくありました。それが一転、コロナ禍が始まったら、よほどの理由がないと福島出張は不可に。最初の頃は特に厳しく、抗原検査キットで陰性を確認し、さらに福島県内に入ったら一週間のホテル隔離。東京に帰った後も自宅で隔離が必要でした。

といっても、普段の私は自宅でテレワークせず、ずっと週四日ほどのペースで出社していたのです。グループ内の他の社員はほぼ全員がテレワークをうまく取り入れた働き方に切り替えていましたが、一人だけいた派遣社員さんは、その仕事の性質から事実上テレワークは無理でした。彼女を一人オフィスに残して他に正社員がだれも出ないわけにはいきません。管理職として彼女の労務管理をやっていたのは私ですから、責任感に動かされ、結局ほぼ毎日、電車にゆられてオフィスに向かったのでした。

これまでのすべてを生かし、新天地へ

東電では副長以上の管理職は五七歳になると雇用切り替えになります。その後、六〇歳まで会社に留まれるシニアエキスパート（ＳＥ）制度もありますが、私の周囲では他社へ転籍していく先輩や友人の方が多い状況でした。ＳＥとして会社に残っても、自分より若い人が上司になってお互いコミュニケーションがとりにくいなど、いろいろやりづらさがあるのかもしれません。

私も福島から東京へ戻る少し前、次の職場が東電最後の三年と考えて、転籍を念頭に次の人生を考え始めていました。その場合、会社が転籍先候補（東電の関係会社やＯＢ受け入れ実績

のある会社一〇〇社ほど）の中から求人のあるポジションを紹介してくれます。でも当然ながら、自分の経験をそのまま生かせるような仕事はまずありません。はっきり言って、やりがいにワクワクするようなポジションはほぼ見つからないと考えていました。

私は二〇二一年秋、そろそろ準備を始めようと考え、まずは以前お世話になった上司や配電部門の先輩たちに「転籍のしかた」について聞きに行くことにしました。その中の一人、HTさんは神奈川支店時代の上司です。関連会社に転籍し、現在はその常務。たまたま同社の社長も以前、仕事を通じてお世話になったことのある方でした。HTさんにメールすると、「ぜひ会社に遊びにおいで、N社長も会いたがっているよ」という返信が来ました。思えばそれが事実上の「面接」のようなものだったかもしれません。結果的に私は同社に採用されることになったのです（N社長は東電時代に直属の部下にはなっていないものの、労務関係の業務でお世話になった方です。この巡りあわせも何かのご縁だと感謝をしております）。

新たな職場は株式会社ネクセライズ。東電フュエルからその前年の七月に社名変更したばかりでした。新天地で私に与えられた任務は、福島県浜通りを中心とした地方自治体に対する、脱炭素社会の構築に向けたソリューション営業（太陽光発電・EV用充電器の普及、災害時の備えとしても活用）です。

私はもともと理系で配電部門にもいましたから、基本的な電気の話はわかります（現場経験は少ないものの、新人時代に取得した第二種電気工事士は今でも有効です）。それに加えて、都合四年間の福島県駐在経験、特に浜通り地方のほぼ中央にある浪江町の担当グループ時代に培った人脈が評価されたのではないでしょうか。

結局、いままでやってきたことのすべてが生きた形になったのです。

二〇二二年六月三〇日、私はついに三四年間と三カ月勤めた東京電力を去る日を迎えました。午前中に行われた原子力安全統括部の退職式では、司会進行役の人が略歴を紹介してくれた後、挨拶に臨みました。

実は挨拶の文章は二週間くらい前から考えていて、当日は原稿を見ないで話したいと、家で暗記練習していたのです。入社当時の話、女性リーダー研修の話、その後に女性の活躍の場が広がった時代の変化。そしてイチエフ事故のこと。福島での勤務の話。最後に現在の職場と三四年間の感謝で締めくくる内容。わずか数分間のスピーチですが、練習中から当時を思い出して涙腺が緩むこともありました。特にイチエフ事故後、こんなことになるとは、というあたり、本番では感極まって涙があふれてしまうのではないかと予想していたのです。

それが、当日は自分でも意外なほど終始冷静でした。覚えた台詞を間違えないよう、しっかり話そうという思いの方が強かったのでしょう。家に帰ってからもじわじわと感慨が深まる、というより「無事に終わった」というホッとした気持ちのほうが強く、正直、退職したという実感はわきませんでした。

実際、退職前の一カ月は公私両方の送別会や挨拶回りでとても忙しく、あっという間でした。最後の職場だけでなく、入社当時の配電部門に始まり、これまで異動を繰り返した先々でできた仲間たちやお世話になった人たちも、みなそれぞれ「お疲れさま会」を催してくれました。また、その頃は幸いコロナの第六波も収まりつつあり、浪江町でお世話になった一部の方々をはじめ、福島県内の各所に顔を出すこともできました。

そうした席で、多くの先輩たちから言われたことは、これまでのような働き方や仕事観はいちどリセットしなさい、ということ。そして、これから先の人生、自分は本当に何をして生きていきたいかを考えるべきだ、ということです。会社のためでなく、自分のための「仕事」をするべきだと。

退職の翌日の七月一日。私は新しい職場に初出勤しました。これまで私を支えてくれた方々への恩返しと思いながら、いまの私にできることをがんばりたい。と同時に、先輩方に言われた「これからの人生の目標」を探し続けたい。そう思いながら、私は新しいステージに踏み出しています。

そして、その一歩が踏み出せたのは決して自分一人の力ではなく、多くの方々の支えがあってこそ。――ここまで書いてきて、私はあらためてそのことに思いを馳せています。この本の中で言及した方もそうでない方も含め、私の東電人生で関わったすべての方へ愛と感謝をこめて、私は次の扉を開いたことをご報告したいと思います。

〈インタビュー〉　これまでとこれからと

キャリアの振り返り、子ども時代のこと、家族のこと、仕事以外での福島との関わりからあらためてイチエフ事故について思うこと、東電への思いまで、聞き書き者との一問一答。

■もちろん転職を考えたことも。でも結果、辞めなくてよかったと思える〈仕事とキャリア〉

――あらためて、三四年間おつかれさまでした。昭和六三（一九八八）年に入社して令和四（二〇二二）年に退職。振り返ってどうですか？

私の東京電力入社は男女雇用機会均等法ができて間もない頃でした。その後の三〇余年でこんなに女性が働きやすい時代になるとは思っていませんでしたね。同期入社（大卒）三七二人のうち女性は三二人ですが、いまでもその半分ほどは会社に残って仕事を続けています。そういう恵まれた環境下で退職できるのは幸せだと、退職式の挨拶でも話しました。

――かなり仕事が辛かった時期もあったでしょうし、イチエフ事故という会社の危機もありました。転職を考えたことはなかったですか？

実は三〇代半ばのとき、服飾デザイナーへ転身を考えて、文化服装学院の通信教育を受講したことがあるんです。当時は東京東支店で激務をこなしていて、真夜中に勉強する日々でした。それでもがんばって半年で修了し、カラーコーディネーター二級にも三回目の挑戦で合格しました。

――服飾デザイナーとは、それまでと全く違う路線ですね。

昔から服は好きだったんですよ。ファッション誌のVOGUEやELLEなど毎号読んでいたし（一種のストレス解消手段として、当時はこういうファッション誌に毎月何万円も使っていました）、いま思えばかなり奇抜な服装もしてました。入社当初は真っ赤なマニキュアをして会社に行ったりしてね。良くも悪くも、東電の社員には見えないと何度も言われました。

ちなみに私は蟹座のＡＢ型で、どんな占いをやっても必ず、「サラリーマンには向かない、芸術家向き」と言われるんです（笑）。

――でも結局、服飾の道には行かなかった。

やっぱり私には保守的な面があったのだと思います。新しいことへ挑戦する前に、自分は会社でここまでやったから一区切り、と言える自信がなかった。

――転身しなかったのを後悔したことはありませんか？

あの頃の時代がその後もずっと続いていたら、後悔したかもしれません。当時は雇均法の施行からもう一五年以上たっていたにもかかわらず、まだまだ女性の活かし方が中途半端だったというかね。でもそのあと時代が変わった。女性社員の扱いの変化を肌で感じるようになりました。

三八歳になる年に女性リーダー研修の第一期に選ばれたのは、とても大きな転機でした。このおかげで経営層とも交わることができたし、自分で企画したメンタリングのプロジェクトを立ち上げることもできました。このときにお世話になった人たちとはいまでも交流があります。

――実際、その後に配電から労務人事へと、社内で大きな「キャリアチェンジ」をしました。

そうですね。会社人生を通じて私はとにかく異動が多かった。そのたびいつもゼロから新しい仕事に取り組んだわけで、いわば社内で転職してきたようなものです。そのたびにいろんな人と知り合い、関係を広げることができました。だから、会社を辞める以外にも自分の活かし方はあるはずなんですね。今ではあのとき辞めないでよかったと思っています。

――外から誘いを受けたことは？

一度あります。イチエフの事故直後は、いろいろな理由で退職した社員が少なくありませんでした。いわゆる引き抜きで他社に移っていった社員も、個人的に知っています。

私のところにもある日突然、転職エージェントからメールが来ました。その気がなければ無視してもよかったのですが、しつこい電話でもきたら困ると思って、私は思い切ってそのエージェントのオフィスを訪問したのです。

そこでこれまでの経歴を順序だてて話しているうちに、自分の頭が整理されたところもあったのでしょう。最後に私は、「会社はあんな事故を起こしてしまったけれど、自分は社員として成長させてもらった。お世話になった会社を見捨てるつもりはない」と切々と話したのを覚えています。

――とはいえ、会社から受けた人事評価にはあまり満足していなかった印象ですが。

入社から十数年間は、それなりに評価されていると感じていたんですよ。東京東支店に配属されて、初めて副長になって配電技術に関するプロジェクトを動かしていた頃までは、女性技術職第一号という路線に乗っていた感触がありました。

おかしいなと思うようになったのはその後です。二回目の総合研修センター配属で総務・労務系の仕事の担当になり、その間に女性リーダー研修を受けて配電とは関係ないプロジェクトを立ち上げたあたりから、どの部門で私の面倒を見るのか曖昧になったのかもしれません。
配電から労務人事へ正式にゼッケンが変わり、自分で企画したメンタリングプログラムの試験導入を成功させて、「人」相手の仕事のおもしろさに開眼した、とは本編でも書きました。東電では毎年度末、人物所見というのがあって、これからどんな仕事をしたいかを書いて会社に提出するのですが、私はその頃から「人材育成／人材開発」と書き続けてきたし、面談でもそう伝えてきたのです。若手、とくに新入社員の育成に携わりたかった。でも、結局その希望は最後まで無視され続けました（笑）。

——神奈川支店でメンタリングのパイロットを成功させ、そのプロジェクトを運営する新設グループのマネージャーに昇進。いよいよ全社へ展開できそう、というときに出向してしまいました。

あれは相当落ち込みましたね、いくらサラリーマンだからしかたないと言っても。
出向先のキャリアライズの社長Eさんは女性リーダー研修導入当時の事務局長をされていた方で、研修第一期の私もたいへんお世話になりました。そのEさんから直々に、同社が受託している「電気の史料館」の運営を立て直してほしいと言われたわけです。正直、私はまた大変なところに行くんだなあと思いました。

実際、「チームをまとめる」という意味でいちばん苦労したのは、この出向中の一年半でした。キャリアライズのプロパー社員、東電ＯＢ、パートさんと、入社背景も雇用形態も違う人たちの混成チーム。彼らの気持ちをそろえて同じ目標に向かわせ、運営の質を高めていくには、それまでとは違う頭の使い方が必要でした。考えてみれば、ここでやっていたことも立派な人材育成だったのですよね。もちろん、私自身もすごく学びました。

――そしてその出向中に、東日本大震災とイチエフ事故が起きた。

いまさら「たられば」を言ってもしかたないですが、もしもイチエフ事故がなかったら、私のその後のキャリアはかなり違っていたのではないか、という気はしますね。結局、そのあと最後まで自分の希望した職場に行けたことはなかったし、納得いかない評価もしばしばだったのは本編で書いた通りです。まあ、もともと上に対する私のアピール力が弱かった面もあるかなとは思いますが。

――仕事の成果以外にも「アピール」のノウハウがあると？

いわゆる「飲みニケーション」のときにゴマすりが上手な人はいたんですよ。会社ではちゃんと話し合わず、居酒屋で飲んでるときに握り合いをするというね。上司から飲みに誘われて、どんなに遅い時間でも断らない人、折に触れて自分から上司を誘って「接待」する人もいました。男女関係なく、です。そういう人たちはやっぱり早くから「出世」してるように見えましたね。僻みに聞こえるかもしれませんけど、そう思っていたのは私だけでなく、親しい仲間うちでもそう感じている人は少なくなかったのですよ。

――間下さんはそういうのは全然やらなかった？

もちろんたまには一杯付き合いましたよ。といっても私は飲めないのでウーロン茶ですが（笑）。でもそこで会社ではやらない「ぶっちゃけ話」なんかはしませんでした。私は仕事場では常に自分の力を一二〇パーセントくらい出していたつもり。仕事上の自分だけで勝負したかったし、そのなかで自分なりの本音を出してきたつもりです。

――二〇代はストレスで一五キロも痩せたり、過労で救急搬送されたり。まだハラスメントという言葉もない時代、いまなら「超ブラック」と言われそうな環境によく耐えましたね。

とにかく自分の目の前の仕事を懸命にやるしかなくて、それで終電になろうが徹夜しようがお構いなしでした。そんな働き方をしたら、いまなら逆に怒られてしまいますが、当時は「間下さん、大変だね」で終わりの時代だったんですよ。

それに私は本当によく上司に怒られました。いまは上司が部下に気を配る時代ですが、昔はけっこう口の悪い上司がいたのです。なにか失敗すると「おまえなんか辞めてしまえ」って。書類で頭を叩かれたり、実地研修では被っているヘルメットをスパナでコンとやられたり、作業靴を蹴っ飛ばされたり。まさに軍隊式（笑）。

でも当時はそういうものだと思っていたし、私は昔から負けん気が強くて、失敗して怒られたら、その後必ず成果を出して見返してやる、と思って踏ん張ったんです。相手に背中は見せたくない、というかね。だから、「間下さんはへこたれないね」ともよく言われました。

――気持ちが折れなかった理由はありますか。

もちろん、愚痴を言い合える会社の友人、仲間たちにはものすごく助けられました。それに加えて私は子どもの頃からずっと、「いちど始めたことを途中でやめるな」と親に刷り込まれてきたんですよ。簡単に音を上げたら親に負けてしまう、と感じたんじゃないかな。そもそも、いまみたいに気軽に転職するような時代でもなかったですし。

それでもイチエフ事故の後、会社が大変な状況になったときは、親もさすがに「十分がんばったから、もういいんじゃないか」という意味のことを言ってくれたことはあります。それでも辞めなかった理由は先ほど話したとおりです。

――結果、よかったと思えますか？

いま振り返れば、途中で放り出さずにやってきてよかったと思います。三四年間、会社から受けた評価という意味では最後までうだつが上がらなかった気もするし、実際にブツブツ文句も書いてきましたけれど、それは会社に対する愛情と表裏一体なんだなって、あらためて思います。たくさん転勤して、そのたびにたくさんの出会いがあって、「仲間」と呼べる人たちがたくさんできたことは私の財産。ほんとうに、この仲間たちがいるから私はここまでやってこられました。

そして福島への赴任中は、イチエフ事故で迷惑をかけた被災地の方々に「東電は憎いけど働いている人たちは大好き」と言ってもらえた。泣けちゃうじゃないですか。そう思ってくれる人がいる限り、私はやっぱり辞められなかったし、そういう仕事をさせてもらえてよかったと思っています。

■「第一号」の気負いは無かった。女性活躍の時代の流れに乗った三〇年間〈女性と管理職〉

――東電はもともと女性が少なく、技術職となるとさらに少ない。その中で間下さんは配電部門初の女性技術職だったわけですが、「第一号」であることはかなり意識していましたか？

自分が失敗したら後が続かなくなってしまう、という意味で意識はしていましたね。会議の席でも、その後の転勤先でも、「第一号の間下さんだね、聞いてるよ」と言われることはあったし、けっこう社内でも知られているわけです。いい加減な仕事はできない、できるかぎり誠意を尽くそうと努力はしていました。

その甲斐あって、「やっぱり女性はだめだ」とはならなかったのでしょう、私の入社翌年からも女性の技術職採用は少数ながら続いていきました。だから、道を拓くという一定の役割は果たせたのかなとは思います。

――半面、第一号は目立つ存在でもあったと思います。「いじめ」はなかったですか？　特に同性から。

それが、ないんですよ。私は昔から、同性に好かれるタイプだったかもしれません（笑）。新人が配属される営業所には比較的女性が多いので、たしかに初めはちょっと心配しました。最初の職場、厚木営業所の女性は全員、高卒の事務職でしたから、大卒の私が入ると歳下の「先輩」もいるわけです。それも気を付けなきゃと思いました。

でも、ふたを開ければ心配無用。私は初日から「よしこちゃん」と呼ばれ、親しくしてもらいました。お茶くみ当番に間に合うよう、ひとりだけ外勤の私は昼ご飯も食べず、ダッシュで帰社したと書きましたが、そのときも年長の女性たちは「事故でも起こしたら困るから無理して帰ってこなくていいよ」と心配してくれたし、私が男性陣に心ない嫌味を言われたと知れば、「そんなオヤジは私が叱り飛ばしてやるから言いなさい」と味方になってくれたんですよ。

――そういう人間関係を円滑にするために気をつけていることはありますか？

人の陰口を言わないのはもちろんですけど、私は自分の気持ちとか思っていることを相手に率直に伝えたいタイプなんです。なにかモノゴトが起きたとき、私はこう感じる、その理由はこうだと。もちろんある程度空気は読みますけど、基本はっきり伝える。それで嫌われちゃったらしかたない、と思ってるんです。

逆に、自分に反省すべきところがあると思ったら、後からでも相手にちゃんと「あのときはごめんなさい」と謝るようにしています。こういうのを馬鹿正直っていうのかな（笑）。

——そこがいいのでしょうね（笑）。そんな間下さんは、数少ない女性管理職としてもがんばってきました。

管理職になること自体に戸惑いや気負いはなかったですね。初めて部下を二人持ったとき、その一人がそれまで私と同じ副長だった男性でした。私がいきなり上長になって気に入らなかったのか、次第に何を言っても反発するようになったんです。まあ、それもある程度想定内ではありましたが、仕事は仕事。ちゃんとやってもらわないと困ります。そのとき私は、感情的にならず客観的に事態の打開策を考えられるように、彼の様子を観察して毎日記録するようにしました。と同時に、私の指導能力にも問題があるかもしれませんから、どこをどう直したらいいか客観的に知りたいと、もう一人の部下に意見を求めたりしました。

電気の史料館の改革で苦労したときも、これまでの経緯をよく知っている社歴の長いメンバーに意見を聞いて、結果そのアドバイスがとても役に立った経験があります。管理職の仕事で困難にぶつかったらその都度、臆せず周りに相談して、自分なりに改善を重ねてきたつもりです。

——上司だって悩むのですよね。

管理職ってそれなりの手当をもらうし、責任もある。でも神様じゃなくて同じ人間なわけです。責任を全うするためにも、まず自分に足りないものを知る必要がありますよね。それに、自分のチームに一体感を求めるならメンバーを自分の土俵に引き込む必要があって、それにはまずは自分から心をオープンにしないといけない、と思っています。

——「人の上に立つ」という役割に性別による向き不向きはあると思いますか？

努力は大前提として、持って生まれた資質もある程度必要だと思うんですよ。その資質自体に男女差はないけれど、社会通念として女性はこう、男性はこう、というのが刷り込まれているがために、その資質が見出されないままの女性は多いかもしれませんね。例えば、些細なことにこだわらない、包容力がある、というのも資質の一つだと思いますが、私の周囲に限っていえば、むしろ女性のほうにそういう人が多かった印象です。

ただ、大きな組織の中で頭角を現すには努力と資質だけではダメで、うまく「流れ」に乗れるかどうかも大きいと思います。時代の流れ、それを受けて会社という組織にも流れがあるので。

――男女雇用機会均等法の施行から二〇二二年で三六年。間下さんの東電勤務三四年間とほぼ重なります。

この間、東電における「女性の活かし方」は本当に大きく変わりました。女性を積極的に採用・登用せよという時代の流れの中で、会社の制度もかなり試行錯誤を繰り返してきていると思います。あの女性リーダー研修も、発展途上における試行錯誤の一例だったのでしょう。そもそも男性にはそんな研修はなかったわけで、女性だけそういう育成の時間をもらえたのは、逆に「特別扱い」のように見えたかもしれません。結局、その研修は三回ほどで終了してしまって、一期生の私たちは完全にモルモットでしたね(笑)。いまではその種の研修に男女差はないはずです。

ダイバーシティ推進を担当したとき、女性管理職比率の目標数字を作りましたが、それも一長一短あったと思います。高い目標を掲げるからこそ組織が動くという面がある一方、数字を達成するために「女なら誰でもいい」となったら本末転倒ですから。ただ、いま振り返れば、全体を通して女性の活躍推進という大きな流れに乗ることはできたのかな、と感じています。

■ある種の後ろめたさと闘った福島赴任。動物保護活動との出会い〈イチエフ事故と福島勤務〉

――イチエフ事故は、東電の全社員に多かれ少なかれ影響を与えたと思います。間下さんは在籍中に二回、賠償や復興に関する業務で福島県に赴任しましたね。その間、仕事以外にも現地の動物保護施設でボランティアをしたと聞きましたが、そのきっかけは？

最初の福島赴任は二〇一一年秋から一年間、郡山の補償相談センター勤務でした。そのとき私の配属は業務グループ、つまり後方支援の仕事だったんです。だから、賠償の相談にいらっしゃる被災者の方の直接応対をすることは、ほぼありませんでした。そのことをなんとなく「申し訳ない」と思う自分がいたわけです。窓口に立たない＝体を張ってない、という感じがしてしまって。

――自分で選んだ配属先ではないのに、やっぱり正義感が強いのですね。

正直、配属前は「もし窓口になったら大変だな」と思いましたよ。実際に窓口に配属された人たちも、初めは「大変なことになっちゃったな」と、気乗りしないまま福島に来たはずなんです。でも、被災者の方に厳しいことを言われながら応対を重ねるうちに、それが逆に「自分たちは役に立っている」という実感につながったんじゃないでしょうか。

そういう社員のサポートが仕事だった私は、窓口という最前線に立つ苦労話をただ聞くだけでしたが、彼らの話しぶりの中には確実に「やりがい」とか「生きがい」のようなものを感じ取ることができたのです。

――それに対して後方支援では直接的なやりがいを感じられなかった?

そう、それで自分も仕事以外でもっと直接的に被災地域の役に立つことがしたいと思いました。でも、いきなり「人」相手の支援活動ではハードルが高そうに感じたので、ならば口をきけない動物のために何かやろう、と。

イチエフ事故による避難区域には、飼い主と一緒に避難できず置き去りにされたペットが多数いることは知っていました。なかには飢え死にした子もいると聞いて、心を痛めていたんです。また、賠償においてペットは財物という扱いでした。家族同然の命ある存在なのに、モノと同じ扱い。仕方ないとはいえ、割り切れなさを感じていたことも理由の一つだったかなと思います。

――それで避難区域から保護された動物のシェルターでボランティアを始めたんですね。

ネットで検索し、「福島県動物救護本部」という被災ペットの保護・里親さがしの活動を見つけて連絡をとりました。郡山市の東隣、三春町にある元パチンコ屋さんの建物がシェルターになっていて、清掃や餌やりなどのボランティアを募集していたんです。電話してみるととても感じのよい応対で、「いつでもどうぞ」と言ってくれました。それで、毎週末はさすがに難しいけれども月一回はボランティアに行く、という目標を立てました。

――それが間下さんにとって人生初のボランティア活動だった？

そうなんです。それまでは忙しくて時間がなかった、というのもありますが、私にとってボランティアというとむしろ心理的ハードルの方が高くて。自分の生活がちゃんと確立していなければ、他人のお世話なんてできるわけがない、心にそれだけ「余裕がある人」でないと人助けの資格はない、みたいな思いがあったんですよ。だから、福島で自分にできることとして動物ボランティアをやると決心するまで、実は半年近くかかったんです。一〇月に着任して始めたのは翌年の三月くらいでした。

――始めてみて、よかったと感じましたか？

できることなら毎週でも行きたいくらいでした（笑）。私は子どもの頃、近所のお家の猫や野良猫とよく遊んでいました。自宅で飼っていたこともあるし、猫とはとても縁が深いのです。シェルターでその話をしたら、基本的に猫棟の清掃担当にしてくれました。

その施設には当時、猫も犬も六〇～七〇頭ずつくらいいたと思います。約半年間、月一回通いましたが、当時はまだイチエフ事故から一年余りという時期でしたので、途中どんどん頭数が増えていって別棟が建ったりしましたね。避難区域でさまよっているところを保護された子だけでなく、飼い主から生活が安定するまで預かってほしいと持ち込まれた子もいたようです。みんなちゃんと名前があって名前で呼ばれていました。

――ボランティアは他にもたくさんいたのですか？

あくまで私が参加した範囲での話ですが、スタッフさん以外のボランティアは多い日で一〇人くらい来ていたかな。地元だけでなく東京や神奈川、遠くは西日本からの人もいたと記憶します。みんないい人たちで和気あいあいでしたよ。作業開始前、スタッフとボランティアがみんな一緒に輪になって一言ずつ挨拶をするのですが、私は毎回、その段階でもう泣きそうでした。口をきけない動物たちまでこんなに犠牲になっているのだと思ったら、もう申し訳なくて。
ちなみに、シェルターで自己紹介するときはさすがに会社の名前は出せませんでした。何してるの、と聞かれたら「会社員です。実家は東京で、転勤で福島に」。それ以上しつこく社名を聞かれることもなく、なんとかやり過ごした感じです。みんなで手分けして作業している間、ときどき漏れ聞こえる会話の中に東電とか賠償金という言葉が交じることがあって、私は心の中で申し訳ないと思いながら一人で黙々と手を動かしていました。それでも、このボランティアをしたおかげで、「自分は役に立ってない」という気持ちを少しは軽減することができたかなと思います。

――東京に戻ってからもその三春町のシェルターに通い続けたとか。

がんばって二～三カ月に一度くらい行ったかな。郡山駐在のときは自分の車がなかったので毎回レンタカーでしたが、東京からは自分の車で、たまに前泊して温泉に寄ったりして行楽も兼ねて、行けるときは行きました。そのうち動物たちは里親への譲渡が進むなどして数が減っていき、ボランティアもフェードアウト。二〇一五年末にはシェルター自体が役割を終えて閉鎖ということになりました。それはいいことなのですが、私としては福島へ行く理由がなくなってちょっと寂しかったのを覚えています。

――二回目の福島赴任は二〇一六年七月から三年間、浪江町グループでした。このときは「役に立っている」感満載だったのでは。

浪江町グループでの仕事の密度は、補償相談センターのときと比べ物にならないほど高かったですからね。地域対応にしても現場作業にしても、それこそ直接的に被災地の役に立っているという感覚があったのは確かです。本編でも書いたお骨の放射線サーベイや墓地除草など、正直そんなことまでやるとは想像していなくて。親にその話をしたら「夜、帰って家に上がる前に塩をまけ」と言われて最初はそのとおりにしていました。そのうちバスソルトか何かを玄関に置いておくだけにしましたけど(笑)。

――それでも何度か浪江町内の保護動物シェルターでボランティアをしたのですね。

三春町のシェルターが閉じた後も動物関係のボランティアは続けたかったのですが、なかなか伝手がありませんでした。で、浪江町グループに着任して数カ月後、町内の仮設商店街でお昼を食べていたら、なんとそこに三春シェルターのTシャツを着た人たちが入ってきたんです。お互いに「あれ?」となりました。話を聞くと、浪江町内に動物保護活動をしているAさんという方がいて、彼らは三春シェルター終了後そこを手伝っているということでした。当然、相手からは「間下さんはなぜここに？」と聞かれ、そこで初めて私は東電社員であることを明かしたわけです。事情を話し、彼らがAさんのところへ行くとき私も一緒に連れていってほしいとお願いしました。

しばらくして同行する機会が来たとき、初めてお会いするAさんに私は最初から身分を明かしました。もちろん個人として参加しているボランティアですが、会社が起こした事故でご迷惑をおかけして申し訳ございません、と謝ったのを覚えています。そのシェルターには犬と猫が十数頭ずついたのではないでしょうか。当時、Aさんご自身は避難先の郡山から通って世話をされていて、すごいなと思いました。

――そこではどのくらい活動したのですか？

浪江町グループでは、週末のイベント手伝いなども多かったため、それほど頻繁にボランティアへ行けたわけではありません。結局三年間で三～四回だったかな。本当はもう少しやりたいという気持ちはあったのですが、東京の親もだんだん歳をとってきて、週末に福島で自分のやりたいことを優先させるのがなかなか難しくなってきたというのが現実でした。

それでも福島で思い切って始めた動物保護ボランティアがきっかけになって、ペットの殺処分ゼロを目指す団体に数年来、毎月寄付を続けています。動物たちにも命を全うしてほしいですからね。

■人生どんなことにも学びがある。悩める自分もきちんと開示することで成長〈親のこと、性格のこと〉

――五〇代になってこの先の自分の生活やキャリアを考えるとき、老親のことは避けて通れませんね。

本編でも書いたとおり、二度目の福島赴任から東京に戻るとき、後ろ髪を引かれるところはありました。現地の上司からも、もう少し続けられないかと打診はされていたし、残ればもしかしたらグループマネージャーという一つ上の職級に上がれるかもしれないという話もあったのです。

でも、福島赴任二年目の夏、母が自宅の階段から落ちて頭を打ったことがあって。幸い骨折もせず、おでこを数針縫っただけで入院せずに済みましたが、もういよいよ弱ってきたんだなあと実感して、やはりそろそろ実家に帰ったほうがいいと判断したわけです。

――東京ではずっとご両親と同居ですか？

基本的にはそうですが、三〇代初めの一時期、親元を離れたことはあります。親が世田谷区に所有するマンションが当時たまたま空室で、職場にも近いし一度は一人暮らしをしてみようかなと。実際やってみて、これは悪くないなと思いました。

でも、一人でいられたのは実質一年未満でした。同じく実家で同居していた独身の姉が引っ越してきたんです。その後の六年ほどは、姉との共同生活でした。ちなみに、三つ年上の姉は顔も性格も私と全然似てなくて。童顔のせいか一緒にいるといつも私のほうが年上と間違われます（笑）。

ただ、実家を出ていたその七年の間にも、父が急病で入院し、気弱になった母が一人で見舞いにも行けない状態になったことがありました。当時は親もまだ七〇そこそこでしたけれど、やっぱり歳とっていく一方ですからね。それで結局、誰かが親のそばにいたほうがいいと判断し、私が実家に戻ったのです。

――それよりも、「早く嫁に行け」というプレッシャーはなかったですか？

それが、なかったんですよ（笑）。親が見合いの話を持ってきたこともありません。はっきり言うとむしろ逆だったところがあって。

私も二〇代の頃は人並みに結婚願望があって、結婚を前提にお付き合いした人もいました。

でも、なぜか母親に受け入れてもらえなかったんですよ。まだケータイなんてない時代、家の固定電話で数分話しているだけで激怒されて。結局その人とは別れましたが、正直、「親に壊された」という感情のしこりはずっと残りました。その後は、誰かとお付き合いしても親には一切紹介しなくなりましたね。

そんな親の「呪縛」なんか振りほどいて、もっと好きにやってもよかったのかもしれませんけれど。

――いまはそのお母様の介護をされてますね。

昭和八（一九三三）年生まれの母が要介護4になったのは二〇二一年六月末に圧迫骨折で手術・入院したのがきっかけでした。私が福島から戻ってきてちょうど二年後です。その前から少しずつ腰が曲がり、歩くときは手をつなぐようになっていたのですが、その六月はもうご飯を食べるのも辛くなり、ずっと痛い痛いと言って、ついに救急車で運ばれることに。二週間で退院はしましたが、一時期は寝たきりになってしまいました。

そんな状態のさなか、今度は入れ替わるように父が緊急入院したのです。軽い脳梗塞でした。幸い後遺症もほとんどなく、こちらも二週間ほどで退院できたのですが、この間は本当に大変でした。

──そのとき仕事はどうしたのですか？

コロナ禍が始まった後だったので、在宅テレワークができたのは助かりました。とはいえ、かなりしんどかったですけどね。その後、父はおかげさまで元気にしており、母もがんばってリハビリして、椅子に座って食事したり、伝い歩きができるくらいの状態になりましたが、やはり以前と同じとはいきません。

介護生活に入って最初の頃は、正直、気持ちの整理がつかないこともありました。でも、介護という現実を通して、あらためて自分の長所短所が見えてきて、私って意外と介護に向いてるかも？　なんて思うこともあり（笑）。だから、いま私は「どんなことにも必ず学びがある」と考えるようにしています。悲しいけれど、人間にはどうしても抗えないものがあるのですから。

──周囲から見て、間下さんといえば「元気、明るい、楽しい、テンションが高い」といったイメージだと思います。話していても面白いし、メールはだれも真似できないような絵文字の連打（笑）。その裏でこれだけ仕事やプライベートの修羅場を潜り抜けているとは想像できません。ストレスから自分を守るために、敢えてそういうキャラクターを演じていたりしますか？

私が明るく元気であることで救われた、とか、そういう私と一緒にいると楽しい、と言ってもらえることは、性別年齢問わず確かにあって、だからそういう自分を演じるようになった部分はあるかもしれません。絵文字満載のメールも含めて、こうやってコミュニケーションするとみんなを楽しませられるかなって。

でも、だからといって決して無理してるわけじゃないんです。なぜかというと、いつも一〇〇パーセント元気な姿だけではなくて、自分の悩み、辛さ、ネガティブな感情もちゃんと開示するようにしているから。といっても、一方的にぐだぐだと愚痴を言うのではなく、相手の悩みをまず聞いたうえで、それに即した感じでこちらの悩みも整理しながら口に出すようにしていますけどね。それでも、「元気がない自分、悩んでいる自分」をちゃんと見せられるようになったのは「成長」かなと思います。

――それはいつ頃からですか？

本編でも触れましたが、子どもの頃の私は本当におとなしかったんですよ。「授業ではもっと積極的に手を挙げましょう」と先生に諭されるくらい。それは大人になってからも同じで、基本、自分が話すよりいつも聞き役に回っていたように思います。

特に東電入社後の十数年間、東京東支店勤務の頃までは、どんな辛さがあっても周囲に相談することなく、なんでもかんでも自分一人で解決しようとしていました。新人の頃一年で一五キロ痩せたと書きましたが、その後も太ったり痩せたり、実は過食・拒食を繰り返していたんです。ストレス性難聴になったこともありました。それらは全部、自分をとことん抑え込んでいたからだったんでしょうね。

変化のきっかけは、やはり女性リーダー研修だったかもしれません。入社一六年目でしたか。この研修では否応なく自分の意思や考えを人前で表現することが求められました。それで徐々に、自分の内面を外に伝えることの大切さに気づいたんです。だれしも親しい人には自分を理解してほしい、と思いますよね。私もやっとその気持ちに素直になって、自分をさらけ出すことができるようになり、そこから少しずつ楽になっていきました。

■理系タイプながら心霊体験も。目に見えないものを感じる力を自認〈子ども時代のこと〉

――自己分析が理論的ですね。

どうも私は直感だけで動いているように見えるらしいんですけど、けっこうモノゴトを順序立てて思考しているんですよ。何事にも必ず理由がある。こう見えて因果関係を考えるタイプなのです。

――それは、学校で数学が好きだったことと関係がありますか？

たしかに小学校の頃から算数は得意でした。逆に弱かったのが社会科です。中学高校の歴史も大嫌いで、いつも赤点すれすれ（笑）。

では数学のどこが魅力かというと、必ず答えが導き出されるところです。ある問題を解くのに、どの数式を使うかさえ決めれば、あとはその計算プロセスを経ることで必ず答えが出ます。この根拠に対してこの結果が得られる、その過程が好き。白黒はっきりして、嘘偽りのない世界が魅力でした。

大学では電気電子工学を専攻しましたが、基本、電気も数学で記述できます。電気回路という科目で最初に習うのが、「消費電力（ワット）＝電圧（ボルト）×電流（アンペア）」という数式。これはご存じの方も多いでしょう。発電のメカニズムも、電化製品のメカニズムもぜんぶ数式で表すことが可能です。電気工学だけでなく機械工学などもそうです。

――なるほど。大学での勉強がそのまま職場で役立ったと言えますね。

入社して最初の十数年、配電部門にいたときは、数学の知識も電気工学の知識もおおいに役立ちました。でも、資格取得という意味では東電在籍中にもう少し勉強しておけばよかったかなという反省はあります。現在、転籍した先の職場でも電気設備を扱っているので、いまからでも電験三種（正式名称は「電気主任技術者試験」。工場やビルなどに設置されている電気設備の保守・監督を独占的に行うことができる国家資格）の取得を目指そうか、あるいは資格には捉われずとも再度勉強しようかという意欲がわいているところです。

――その一方で、科学的にはまったく説明のつかない霊感体験もしているとか。

自分で「霊感が強い」と言えるかどうかわかりませんが、不思議な体験を何度かしているのは確かです。

小学生の頃、同じマンションに住んでいる仲のいい女の子と、近所の小さな稲荷神社の境内でよく遊んでいました。あるとき、その社の下に何があるのか気になって、二人で縁の下をのぞき込むと、立っている人間の足のようなものが二本、見えたのです。社はとても人間が入れるような大きさではありません。ぎょっとして立ち上がり、怖くなって逃げ帰ったのですが、その直後からいつも誰かに見られているような感覚になりました。目を動かすたびにぼんやりと人の顔らしきものが見えるのです。後日、その女の子と二人でお稲荷さんに行き、ごめんなさい、見てしまいました、もう決してそんなことはしません、と手を合わせて謝ったら、もう顔は見えなくなりました。

――大人に言わせれば「気のせい」だったのでしょうけど、子どもはみんな多感ですからね。

子どものときだけじゃないんですよ。東電入社直後、神奈川支店で新人研修していたときのこと。ある朝、布団から起き上がると、まるで誰かが背中に乗っかっているように重たいのです。鏡を見ても当然何も見えません。会社に行って普通に研修を受けましたが、背中はずっと不気味に重たいままです。

昼休みは、同期の女性に誘われて近くの公共施設の食堂に行きました。トレーに食事を載せて会計の列に並んでいるとき、私の後ろにいた彼女が、なにかにつまずいて私の背中にトレー上の味噌汁をひっかけてしまったんです。その瞬間、背中の重さがすーっと抜けて行きました。

その七～八年後にも似たようなことがありました。姉と二人で夜の中央高速をドライブしていたとき、とつぜん車の天井で音がし始めたのです。砂利や小石が当たったのとは明らかに違う、何かが上に乗って金属のようなもので叩く音。しかも場所が少しずつ移動していくのです。このときもだんだん身体が重くなってきました。

ついに高速を降りて料金所で窓を開けようとしたとき（当時はまだ自動ではなくハンドル式

でした）、ドリンクホルダーに入れてあった缶コーヒーに手がひっかかり、スカートにぶちまけてしまったんです。そしたら、前回と同じようにすーっと身体が軽くなり、天井の音もしなくなりました。

――にわかには信じがたい現象ですが……。

だから、二度目の福島転勤でお墓の除草とかお骨のサーベイとかに従事したときは、だれかを連れて帰ってきてしまわないか、ほんとに心配したんですよ。幸いそういうことはありませんでしたが。

――そういう現象にどんな説明がつくのかわかりませんが、なんにせよ目に見えないものを感じる力は強そうですね。

自分でも感受性は強いほうだと思いますし、他人にもそう言われることはよくあります。たとえば、大勢の初対面の人の中から、悩みがある人や問題を抱えている人を自然と選別できたりするんですよ。テレパシーのように、距離が離れていても相手が考えていることが自然と伝わってくることもあります。

一緒に仕事をする相手の性格もだいたいすぐわかりますね。次に何を言ってくるか、どういう行動に出るか、たいてい予想通りになります（笑）。まあ、たまたまかもしれませんし、あるいは経験則的なものかもしれませんけど。

いずれにしても、その人の表情やしぐさ、服装や所持品などのデータをぱっと頭にインプットして、この人はこういうふうに生きてきたのかな、こういうふうに考える人かもしれないな、と分析する癖はついているように思います。

――それもやはり、子どもの頃から身につけた「癖」なんでしょうか。

実は小学生のとき、家が引っ越して転校したこともあって一時期いじめに遭ったのです。その頃から、良くも悪くも人をよく観察するようになりました。といっても、だれかのご機嫌をとるとか媚びへつらうわけではなくて、みんなが仲良く気持ちよく過ごせるように、周囲に常に気を配っていたという感じです。「相手の気持ちを慮る」という、本来の意味での「忖度」をしていたわけですね。

中学校では二年間、七人の友人と一対一で交換日記をしていたのですが、それも一人ずつ相手に合わせて書く内容を変えていました。宿題のほかに七人分の日記を書くだけで大変だったのを思い出します（笑）。

――そんな子どもの頃の間下さんは、将来は何になりたかったんでしょう。

夢のひとつが漫画家だったと本編に書きましたけど、ほんとうはバレエを習いたくて習わせてもらえず、代わりにバレエの漫画を読んではバレリーナの絵ばかり描いていたんですよ。代わりに習わせてもらえたのがクラシックピアノでした。両親が共働きで私たち姉妹は鍵っ子でしたから、学校から帰ると、塾に行かない日は宿題をする以外、絵を描くか、ピアノを弾くかして私は一人で遊んでいたんです。

おかげでピアノはけっこう上達しましたが、ピアニストになろうと思った記憶はないですね（笑）。それでも週一回のレッスンを大人になってからもずっと続けて、なんと四歳のときから三〇年間続けました。

――さすが、蟹座ＡＢ型の芸術家タイプ（笑）。

そう、絵にしてもピアノにしても、私はわりとセンスがあったみたいで。この先、リタイヤして自由な時間が増えたら、また始めてもいいかなと思っています。

もう一つ、どんな占いをやっても言われることは、私は「長生きして晩年に花開く」のだそうです（笑）。まだまだ人生これからですね。楽あれば苦あり、苦あれば楽あり。この先も真面目に努力していれば、たぶん最期に「人生良かったね」と言えるのじゃないかと思っています。

■いまあらためて東電への思い――心から「ありがとう」と言われる会社になってほしい

――いつ頃リタイヤするかなど、具体的に考えていますか？

何歳で引退するかはまだ決めていません。でも、経済的な面は別として、「死ぬまでこの仕事をやり続けたい」と思えるものを早く見つけたいとは思っています。それは、子どもの支援なのか動物の保護なのかわかりませんが、もっと直接的に「役に立っている」と感じられる活動なのかなと。

実は東電を退職するにあたって、この機にNPOやNGOへの転身も考えないではなかったのです。でも、今回は親の介護も含めて現在の生活の維持を優先した形になりました。当面は、仕事も趣味も、親のことも、自分の生活の要素すべてのバランスをうまくとれるように、いまできることを一所懸命やるしかないと思っています。

――東電で働いている間、いちばん「直接的に人の役に立っている」と感じたのは、やはり二度目の福島勤務ですか？

そうですね、あの三年間は本当に「目の前の人の役に立っている」感覚がありました。もう一度、ああいう感覚を持てる仕事をしたいとは思いますね。もっとも当時は、こんな作業が将来のキャリアにどう役に立つのか、と悩んでイライラする自分もいましたから、まるで天使と悪魔が同居していたようなものでしたけど（笑）。

――福島では、イチエフ事故を起こしてしまった会社の「信頼を取り戻す」ために、間下さんも一社員として誠実に努力したわけですよね。早くもその事故から一二年が経ちますが、信頼は取り戻せたと思いますか？

残念ながら、そうは思えません。それは、再稼働に向けて準備が進んでいた新潟県の東京電力柏崎刈羽原発で不祥事や不備が相次いで発覚し、作業禁止を命じられたことにも端的に表れていると思います。

――原子力規制委員会が柏崎刈羽原発に待ったをかけたのは二〇二一年春でした。間下さんは二〇一九年夏に福島から戻り、その頃ちょうど原子力部門の中に席があったのでしたね。

イチエフ事故の後、東電内部では福島原発と柏崎原発は一蓮托生という認識を新たにし、お互いに足を引っ張り合うことがないよう、連絡を強化していました。そのなかでの柏崎の再稼働に向けて、当時はオール東電でがんばっていたのですよ。個人的にも、いますぐ原発ゼロは現実的でないと考えているので、柏崎が再稼働できれば、会社にとっても世の中にとっても良いことだと思っていました。現場だけでなく、私たち本社側でも緊張感をもってサポートし、あと少しで青信号というところまで来ていたのです。

そこへIDカードの不正使用とか、テロ対策の不備とかが相次いで発覚し、それまでの全社的な努力が水泡に帰してしまった。部門外から見れば、「また原子力部門がやらかしてくれた」ということになったわけです。そのミスも一つ一つはおそらく些細なことで、ちょっとこれくらいならいいや、という感覚だったようにしか見えません。私は現場サイドの緊張感のなさにあきれると同時に、いったいこの一二年間は何だったのか、本当に残念でなりませんでした。

――そういう体質の改善に、会社全体で努力してきたはずだと思うのですが。

長く続いた「天下の東電」の時代には、非常に視野の狭い社員が多かったと思います。なぜこの仕事をやるのか、と聞かれたら「会社の方針だから」で終わってしまうような、ね。一歩進んで、会社はなぜそういう方針なのか。それはどういう意味があるのか。そうやって視座を高くしていけば、この仕事はこのようにして世の中に必要なのだ、という事実が当然見えてきます。でもそういう視点がないと、自分が犯した小さなミスが社会にどう影響するかまで考えが及びません。上司が怖くて言いづらかった、なんて子どもみたいなことがまかり通ってしまう。

イチエフ事故直後、会社はそういう体質を本気で変革しようとしていました。時間とともに事故の記憶自体が薄れていくのは止められないとしても、それが言い訳にはなりません。あのような柏崎での失態を見ると、一二年経って結局元通りになってしまっていたのかと悲しくなります。

――それでも柏崎はまた再稼働に向けて動き出しますね。

少なくとも短期的には、原発を再稼働しないと電力の安定供給は難しいでしょうし、再稼働はいまや国策でもありますからね。ただ、会社がこうして社会の信用をまったく取り戻せていない中で、まるで「再稼働して当たり前」といわんばかりの姿勢ならば、私は腹落ちしません。核燃料サイクルを含めて原子力発電にはあれだけ設備投資してしまったのだから、是が非でも動かさなきゃいけない、という理屈なら本末転倒だと思います。
それに、脱炭素の潮流の中で出力の安定した電源の確保というとき、どうしても原子力じゃないとだめなのか、という疑問もあります。水素やアンモニアなど、二酸化炭素を発生させない火力発電を実現する技術革新にも同時に注力すべきではないでしょうか。

——イチエフ事故は、とるべき津波対策を怠ったために発生した「人災」だったという評価もあります。あらためて間下さんはどう思いますか。

当時の現場にいたわけではないので詳しくは論評できませんが、一般論として、社員が上層部にリスク対策を上申しても聞き入れてもらえないということは、どんな部門でも往々にしてあったと思います。本当のところをよく知る関係者なら、あのときもう少ししっかり考えておけば、という反省、「悔い」はあるのではないでしょうか。
ただ、一〇〇〇年に一度という災害の対策に何兆円もかけるという判断は、仮に自分が社長でもできなかっただろうな、という気もしますが。

——原子力部門の中にいないと、同じ東電社員でもなかなか事故の全貌は見えなかったのですね。

部門外の一社員には、事故原因に関しての情報は社内からは直接何も伝わってきませんでした。ああだった、こうだったという情報を新聞・テレビやネットを通して知るだけなので、私は結局、誰が悪かったのかわからないし、誰かを責めることもできません。

ただ、イチエフの電源盤や非常用発電機が海側の地下にあった、なんて何かがおかしい、とは思いますよね。これは別に理系の人でなくてもわかることじゃないでしょうか。まあ、これも後から考えれば、という話なのですけれど。

実際には、あの事故の前にもデータ改ざんなど小さな「ごまかし」がいくつもあって、それが積もり積もった末の大事故だったと思います。たとえ二〇一一年に起きなかったとしてもその一〇年後には起きたかもしれない。来るべきものが来てしまった、ということだったのでしょう。

――それでも間下さんは新卒入社から役職定年まで勤め上げました。途中で辞めなくてよかったともおっしゃいました。最後に東京電力という会社への思いをお願いします。

私の東電での三四年間を漢字一文字で表したら、「忍」ですね。仮にイチエフ事故がなかったら別の字だったかもしれませんが、最後まで自分自身として納得のいく評価や異動がなかったという意味では、ひたすら忍耐だったと思います。その一方で、会社には成長させてもらったし、たくさんの仲間もできたし、感謝しているのはこれまで書いてきたとおりです。だから東電には、社会から信頼される会社になってほしいと、心から思います。

事故から一二年経ちますが、残念ながら「東電は変わったね、がんばってるね」という好意的なコメントや論評を、少なくとも私は目にしたことがありません。もちろん、そうやって褒めてもらうために改革をするわけではなくて、世の中の人々から心底「ありがとう」と言ってもらえる会社になってほしい。それで初めて「東電は変わった」ということになるのですから。

事故翌年の二〇一二年六月から約五年間、社長を務めた廣瀬直己さんは当時、「私たちは茨の道を歩まねばならない」と常々言っていました。茨のトゲってほんとに痛いんですよ。私は福島赴任中、除草作業でよく刺されたから知っています(笑)。でも廣瀬さんは続けていわく、「いまは辛くてもこの道を通り抜ければいずれ光が見えてくる」と。

イチエフ事故はいまさら「無かったこと」にはできません。この先もそれがずっと足枷になるのか、それともそれをバネにして力強く前進するのか。私はもちろん後者の東電を見たい。この先もずっと、墓に入るまでそう願い続けるでしょう。それを見届けるまでは死んでも死に切れませんから。

——ありがとうございました。

聞き書きを終えて

二〇一八年四月、私が間下由子さんに初めて会ったときの第一印象は忘れられません。福島市内にある我が家で仲のいい友人たちを集めた女子会を開くことになり、その一人が「おもしろい人がいるから紹介します、東電の人なんだけど」と言って連れてきたのが間下さんでした。

当時、間下さんは浪江町グループの担当として二回目の福島赴任中。私のほうは、東京から移住して三年ほど応援職員を務めた浪江町役場を退職し、福島ベースのフリーライターとなって二年目に入った頃です。私たちの間に「浪江町」という共通項はありましたが、そのときまではお互いを知りませんでした。

「こんなにテンションが高くてひょうきんな女性が東京電力にいたのか」。私だけでなくその女子会に居合わせた友人たちは、おそらく全員そう思ったでしょう。間下さんは到着するなりみんなを笑いの渦に引き込み、それ以来、我が家の女子会には欠かせない「アイドル」的存在になったのです。

ただ、私は最初に渡された名刺に「課長」という肩書きがあるのを見て、この人はものすごく苦労してきたのではないか、と感じていました。私がそれまで大企業・東京電力に対して勝手に抱いていたイメージは「古い体質の男社会」というもの。間下さんのこの「おもしろおかしい」キャラクターは、彼女がそういう組織の中で生き抜くために獲得した鎧のようなものなのではないかと思ったのです。

そしてもちろん、あのイチエフ事故が本当のところ社内でどんなふうに総括されているのか、など聞いてみたい気持ちも当然わきました。

といってもそんな話題は女子会向きではないし、当時は一対一でそんなデリケートな話をするほど親しかったわけでもありません。まもなくして間下さんは東京本社へ異動してしまいました。

しかし、間下さんに対する私の興味はその後もくすぶり続けます。ＳＮＳの投稿を見ていると、東京に戻った後も彼女は機会あるごとに福島の浜通り地方を訪ねているようでしたし、コロナ禍が始まる前の最後の我が家の女子会に、わざわざ東京からやってきて短時間だけ参加してくれたこともありました。そんなとき彼女はふっと、福島に来ることに関して「みそぎ」という言葉を使ったのです。

その一方で、間下さんからチャットアプリの女子会グループ宛てに送られてくる、だれも真似できない絵文字満載のメッセージには、単なる社交辞令とは思えない「福島への愛着」が垣間見えました。

いったい、イチエフ事故はこの一社員の人生にどれほどの影響を与えたのだろう――。

あの事故の後、原発の中で働いていた人や原子力産業界の中の人による、事故の経緯や原因について現場の内情を暴露するような本はいくつも出版されました。しかし、原子力発電とはまったく縁のなかった一東電社員が、事故後どのように福島と関わることになったのか、それを書いた本はほとんど存在しないのではないでしょうか。

間下さんがイチエフ事故の後に東京で、そして福島で何を見て、何を感じ、何を経験したのか。またそれ以前に、あの会社で女性が管理職の肩書きを得るまでにどんな職業人生を歩んできたのか。それを知りたい。それらのことは記録として残しておく価値がきっとある。私はそう思いました。

「私が聞き書きしてお手伝いするから本をつくりませんか」。思い切ってそう持ちかけたのは二〇二二年正月のこと。間下さんはその場で快諾してくれました。以降週一回、九カ月にわたるオンライン取材では、予想にたがわず私は毎度感嘆しながらメモをとることになりました。

間下さんと私はほとんど同じ年齢ですが、福島に来るまで外資系組織で転職を繰り返してきた私と違い、間下さんは東電ひとすじ。「勤め上げる」という働き方ができた最後の世代と言えるかもしれません。

いまは就社ではなく就職、メンバーシップ型からジョブ型へ、というのがトレンドのようですが、本来はどちらが良い悪いという単純な話ではないはずです。おそらく時代的に恵まれていた部分はあったにせよ、間下さんの東電での三四年間は、これから社会に出る人たちや、いま働き盛りの人たちにもきっと、なんらか参考になるものがあったのではないでしょうか。

最後に私の思いを少しだけ。

私自身、あの事故のために故郷を追われた浪江町という自治体の広報を三年間手伝い、いまでもこうして福島に住んでいますから、東京電力という会社に対してはある種の感情を持っています。でも、間下さんの取材を通じて感じたのは、東電はきっと本当に「いい会社」だったのだ、ということです。

この本にはもちろん、組織や個人を糾弾するような意図は一切ありません。公開資料等で裏付けが取れる情報以外、内容はもっぱら間下さん個人の記憶に基づくものであり、したがって客観的なルポルタージュを目指したものでもありません。

お読みいただいてわかるとおり、間下さんは最後まで東電という会社を彼女なりの方法で愛してきました。これほどの愛着と忠誠心を持った社員がいる、すばらしい会社。だからこそ、再び「ありがとう」と言われる会社になってほしい、という間下さんの願いが叶うことを切に願っています。

間下さん、貴重な経験を世の中にシェアする手伝いをさせてくれて本当にありがとう。また女子会でお会いしましょう。

二〇二三年六月

中川雅美（良文工房）

間下　由子（ましも　よしこ）

- 1965年７月９日生まれ。東京都出身。中学から大学まで青山学院で学ぶ。青山学院大学理工学部電気電子工学科卒業。
- 1988年東京電力株式会社（現在の東京電力ホールディングス株式会社）に入社。男女雇用機会均等法における技術系女性（リケジョ）の先駆けとなる。営業所の配電設計の現場業務に携わり、沢山の異動を経験する。研究員、配電部門の若手研修の講師、現場の自動化システムの整備、電気の史料館のフロアマネージャーに担務している最中、福島第一原子力発電所の事故が起きた。福島県被災者の方々のために、賠償（郡山）や復興関係（浪江町）の業務に携わり、４年間の福島業務を経験。
- 2022年６月末の退職を迎えた時の職場は原子力安全統括部という、原子力部門では中枢な場所であり、最後の最後まで福島県被災者の方々のために尽力した。
- 34年もの東京電力社員の間には、女性リーダー研修を経て「メンタルヘルス対策」としてのメンタリングプログラムを実現し、人のために何かをすることが素晴らしいと目覚めた。自分の人生の中で更に生き甲斐を感じたい。そういった精神が動物のボランティアや、新しいことに挑戦する原動力となり、2022年７月１日から新しい会社の扉を開くこととなる。
- 2022年７月１日に株式会社ネクセライズに入社。現在に至る。

愛と葛藤の日々
イチエフ事故は一東電社員の人生をどう変えたか

2023年7月6日　初版第1刷発行

著　　者　間下由子
発 行 者　中田典昭
発 行 所　東京図書出版
発行発売　株式会社 リフレ出版
〒112-0001　東京都文京区白山 5-4-1-2F
電話 (03)6772-7906　FAX 0120-41-8080
印　　刷　株式会社 ブレイン

ISBN978-4-86641-656-4 C0095
Printed in Japan 2023